Homogenbereiche

Homogenbereiche

Aus Bodenklassen werden Homogenbereiche – technische und rechtliche Auswirkungen auf die VOB Teil C 2016

von
Prof. Dr. Bastian Fuchs
Dipl.-Ing. Hans-Gerd Haugwitz

Bibliografische Information der Deutschen Nationalbibliothek
Die Deutsche Nationalbibliothek verzeichnet diese Publikation in der Deutschen Nationalbibliografie;
detaillierte bibliografische Daten sind im Internet über: http://dnb.d-nb.de abrufbar.

Alle Rechte vorbehalten.
Auch die fotomechanische Vervielfältigung des Werkes (Fotokopie/Mikrokopie/ Einspeicherung und
Verarbeitung in elektronischen Systemen) oder von Teilen daraus bedarf der vorherigen Zustimmung
des Verlages. Zahlenangaben ohne Gewähr.

ISBN E-Book: 978-3-8462-0690-4
ISBN Print: 978-3-8462-0689-8

© **2016 Bundesanzeiger Verlag GmbH**
Amsterdamer Straße 192, 50735 Köln
Telefon (0221) 9 76 68-306
Telefax (0221) 9 76 68-236
E-Mail: bau-immobilien@bundesanzeiger.de
www.bundesanzeiger-verlag.de/bau

ISBN E-Book: 978-3-8167-9761-6
ISBN Print: 978-3-8167-9750-0

© **Fraunhofer IRB Verlag, 2016**
Fraunhofer-Informationszentrum
Raum und Bau IRB
Nobelstraße 12, 70569 Stuttgart
Telefon (0711) 9 70-25 00
Telefax (0711) 9 70-25 08
E-Mail: irb@irb.fraunhofer.de
www.baufachinformation.de

Herstellung: Günter Fabritius
Umschlagabbildung: © Noppharat_th/Shotshop.com
Satz: MainTypo, Reutlingen
Druck: Appel & Klinger Druck und Medien GmbH, Schneckenlohe

Printed in Germany

Inhalt

1 Vorwort 7

2 Historie der Baugrundbeschreibung für die Ausschreibung, Ausführung und Abrechnung von Bauleistungen 10

3 Umstellung der Baugrundbeschreibung in der VOB/C von Bodenklassen auf Homogenbereiche 15

4 Definition „Homogenbereich" 17

5 Homogenbereiche in den ATV der VOB/C 21

6 Beschreibung von Homogenbereichen in der VOB/C 24

7 Aufstellen des geotechnischen Berichtes unter Berücksichtigung von Homogenbereichen 33

8 Ausschreibungen mit Homogenbereichen 41

9 Leistungsverzeichnisse mit Homogenbereichen 49

Exkurs 1: Darstellung eines Kornverteilungsbandes 57

Exkurs 2: Erläuterungen zu Kennwerten und Eigenschaften für die Beschreibung von Homogenbereichen in den ATV der VOB/C 59

Literaturverzeichnis 71

Gesetzliche und sonstige Regelungen zum Baugrund 72

Maßgebliche Rechtsprechung zur VOB/C und zu ausgewählten Themen auch im Baugrund- und Tiefbaurechtsbereich 100

1 Vorwort

Professor Hermann Korbion hat den jedem Baubeteiligten wohlbekannten Satz geprägt: *„Ohne Baugrund geht das Bauen nicht!"*. Das kommt unter anderem in dem Erfordernis zum Ausdruck, dass Baugrundbeschreibungen nicht nur, aber insbesondere für die Ausführung geotechnischer Bauaufgaben unerlässlich sind. Nunmehr wurde die Baugrundbeschreibung in den ATV der VOB/C von Boden- und Felsklassen hin zu „Homogenbereichen" umgestellt.

Den Baubeteiligten sind die „Bodenklassen" bekannt. Der zentrale Begriff des „Homogenbereichs" umfasst künftig alle diejenigen Bodenschichten, die insbesondere hinsichtlich der Bearbeitbarkeit innerhalb eines Gewerkes mit einem Gerät oder einer bestimmten Arbeitsweise einheitlich zusammengefasst werden können. Einfach gesagt: Es dürfen bei der Beschreibung der Boden- und Wasserverhältnisse anlässlich einer Ausschreibung immer die Boden- oder Felsschichten zusammengefasst werden, die einheitliche spezifische Parameter aufweisen. Dabei ist besonders wichtig zu beachten, dass diese Zusammenfassung zu Homogenbereichen jeweils gewerkespezifisch zu betrachten ist: Das bedeutet, dass z.B. bei Bohrarbeiten nach der DIN 18301 andere Homogenbereiche definiert werden könnten als bei Düsenstrahlarbeiten nach der DIN 18321.

Eine Umstellung von technischen und rechtlichen Vorgaben sowie Definitionen für die Baugrundbeschreibung ändert dabei zunächst einmal nichts am tatsächlich vorhandenen Baugrund. Da stellt sich die Frage: Ist diese Umstellung überhaupt sinnvoll und notwendig? Diese Frage ist eindeutig mit Ja zu beantworten. Die aktuelle Beschreibung der Baugrundverhältnisse geht zurück bis zur letzten größeren Reform vor mehr als vier Jahrzehnten. Seither wurden die Bodenverhältnisse im Wesentlichen in Bodenklassen angegeben, derer es z.B. bei den Bohrarbeiten fünf Stück gibt (und zwei Felsklassen). In anderen Normen wiederum wurden die Bodenklassen anders definiert, Begriffe tauchten über die Jahre zum Teil doppelt auf, maßgebliche Kriterien waren zum Teil höchst unterschiedlich. Im Ergebnis kann man auch getrost das biblische Bild des „babylonischen Sprachgewirrs" bemühen, in dem der eine den anderen nicht mehr verstand. Um diese Verwirrung zu beseitigen und die Baugrundbeschreibung wieder auf einen einheitlichen Standard zurückzuführen, haben die Normgeber den Homogenbereich „erfunden".

1 Vorwort

Für die Ausschreibenden und deren fachkundigen Berater bedeutet das in einem ersten Schritt, sich mit der neuen Systematik baldmöglichst vertraut zu machen. Ab der Einführung der neuen VOB/C, die seit Mitte September 2015 eingeführt ist, ist nach dieser neuen Systematik zwingend auszuschreiben. Damit nicht zahllose Vergabeprojekte durch Rügen und Nachprüfungsanträge behindert werden, müssen alle Baubeteiligten sich mit der neuen Herangehensweise vertraut machen. Ein weiterer wichtiger Aspekt: Die Baugrundbeschreibungen müssen die Zusammenfassung von Bodenschichten zu „Homogenbereichen" auch unter dem wichtigen Aspekt der Bearbeitbarkeit, also von der Ausführungsseite her, bedenken. Zusammengefasst werden darf nur, was „handwerklich" auch mit einem einheitlichen Ansatz geleistet werden kann. Denn anderenfalls müsste ein Bieter spekulieren oder eine frivole Bewertung abgeben, was er weder darf noch soll. Die Bauwirtschaft wiederum muss die neuen Angaben konsequent einfordern und, wo sie in den Ausschreibungen auch erfolgen, unverzüglich umsetzen.

Für die Ausschreibenden gilt nichts anderes: Gerade in den ersten Monaten seit der Einführung herrscht – nachvollziehbar – noch Verunsicherung hinsichtlich der neuen Beschreibungsformen und der Herangehensweise. Es dürfte sich aber sehr schnell zeigen, ob insbesondere die öffentlichen Hände die selbst vorgegebenen neuen Regeln einhalten, beim „Spiel" auf einem milliardenschweren Markt allein in Deutschland.

Die generelle Verteilung des Baugrundrisikos ändert sich durch die neue Form der Beschreibung der Baugrundverhältnisse nicht: Das Baugrundrisiko ist seit Jahrzehnten, von einigen wenigen (zum Teil auch interessengeleiteten) Aufsätzen abgesehen, klar geregelt und zuletzt durch die Rechtsprechung des BGH (vgl. auch Festschrift für Klaus Englert) erneut bestätigt: Der Bauherr trägt, vorbehaltlich einer anderweitigen vertraglichen Regelung, das Risiko abweichender Baugrundverhältnisse. An diesem Grundsatz ändert auch die neue Herangehensweise mit den Homogenbereichen nichts, weil diese nur der präzisen und verständlichen Beschreibung der Bodenverhältnisse dienen sollen. Beachtlich ist hierbei: Wenn die Bodenverhältnisse unzureichend beschrieben werden, weil etwa die dann gültige neue Systematik nicht oder falsch angewendet wurde und dies für einen Bieter offensichtlich war, dann reden wir – wie auch in der Vergangenheit – nicht vom Baugrundrisiko, sondern man wird prüfen müssen, ob der Auftragnehmer sehenden Auges ein bestimmtes Risiko übernommen und gegebenenfalls problematische Bodenverhältnisse auf eigene Kosten zu bewältigen hat.

1 Vorwort

Es bleibt also spannend: Immerhin hat die Rechtsprechung des VII. Zivilsenats des Bundesgerichtshofs in den letzten zehn Jahren zwei fundamental wichtige Erkenntnisse (natürlich neben anderen) herausgearbeitet: Zum einen die essentielle Feststellung, dass das Risiko von Baugrundbedingungen, die vom vertraglich vorgestellten Bausoll abweichen, grundsätzlich und vorbehaltlich einer anderen vertraglichen Regelung dem Auftraggeber zufällt, da dieser den Stoff Baugrund bereitstellt, § 645 BGB (vgl. Urteil vom 20.8.2009, VII ZR 202/07 „Schleuse Uelzen II"). An den vorbeschriebenen Grundsätzen ändert sich auch durch eine neue Nomenklatur erst einmal nichts. Zum zweiten hat der Senat die hohe Bedeutung der VOB/C für die Ermittlung der vertraglich geschuldeten Leistung im Bauvertrag sowie die Frage, wie mit unerwarteten Bedingungen umzugehen ist (in der Regel in den Abschnitten 3 der ATV der VOB/C geregelt), herausgestellt. Wenn nun die VOB/C sich für die Baugrundbeschreibung eine neue Systematik gibt, ist dies ein Umstand, den kein Bauunternehmen, kein Planer oder Architekt und kein Bauherr, gleich ob öffentlicher oder privater, in Deutschland unbeachtet lassen kann.

Weil diese neue Systematik eben so elementar wichtig ist, macht dieses „kleine" Buch absolut Sinn: Es soll den Blick auf die Neuerungen und die wichtigen Unterschiede zum früheren Status Quo lenken. Es soll die richtige Herangehensweise im Rahmen der Ausschreibung beschreiben und gleichzeitig den Bietern erläutern, worauf sie künftig genau schauen müssen und wo sie, wenn sie nicht ungewollt unkalkulierbare Risiken übernehmen wollen, buchstäblich „den Finger heben müssen". Bei allem besonderen Ernst der Sache soll das Buch aber auch Spaß am Entdecken einer sehr gelungenen, wenngleich noch nicht fertig austarierten Systematik machen. Die Verfasser sind nach wie vor fasziniert von den neuen Ausschreibungsmöglichkeiten und sind ebenso sicher, dass viele Baubeteiligte nach anfänglicher Skepsis die Vielfältigkeit der Beschreibungsmöglichkeiten schätzen lernen werden.

Für alle Fragen und Kritik stehen die Verfasser gerne bereit. Auch sind uns ergänzende Hinweise jederzeit willkommen.

2 Historie der Baugrundbeschreibung für die Ausschreibung, Ausführung und Abrechnung von Bauleistungen

Um einheitliche Ausschreibungs- und Vergabebedingungen für Bauleistungen zu erhalten, wurde im Jahre 1922 vom Reichsschatzministerium der sogenannte „Reichsverdingungsausschuss" eingerichtet. Im Jahre 1926 wurden dann die ersten „Allgemeinen Vergebungsbestimmungen und Vertragsbedingungen für die Ausführung von Bauleistungen" unter den Bezeichnungen DIN 1960 (VOB Teil A) und DIN 1961 (VOB Teil B) neben den „technischen Vorschriften für die einzelnen Handwerkszweige" VOB Teil C (Hochbau) und VOB Teil D (Tiefbau) eingeführt.

Hintergrund dieser Verordnungen war:

> „Im allgemeinen sollen Vergebungen von Bauleistungen im Wege des gesunden Wettbewerbes geschehen, mit dem Ziel, unter Berücksichtigung der Wohlfahrt der Gesamtwirtschaft, die Leistungen zu angemessenen Preisen an leistungsfähige und sachkundige Bewerber zu vergeben."

Nach dem Jahre 1947 wurden die Aufgaben des Reichverdingungsausschusses vom „Deutschen Verdingungsausschuss für Bauleistungen" (DVA) übernommen.

Weiterhin war es das Ziel, eine eindeutige und detaillierte Beschreibung von Bauleistungen als Ausschreibungs- und Ausführungsgrundlage zu schaffen und weiter zu entwickeln.

Besonders bei Gewerken, die sich mit dem Baugrund befassen, ist eine allgemein verständliche und nachvollziehbare Beschreibung des anstehenden Bodens für die Ausschreibung und somit auch für die Kalkulation der geforderten Leistungen unerlässlich.

Dies wurde mit der VOB ATV DIN 18300, Ausgabe 1958, zum ersten Mal auf die Weise gelöst, dass man den Baugrund in Klassen, unter dem Aspekt *„Gewinnen, Verwenden und Bearbeiten",* eingeteilt hat (s. VOB ATV DIN 18300, 1958, Absatz 2.2).

Es wurden hierbei acht Klassen festgelegt und beschrieben. Sechs Klassen für Boden und zwei Klassen für Fels. Die Unterscheidung der einzelnen Klassen war den damaligen möglichen Bearbeitungsmethoden geschuldet. Erdarbeiten wurden überwiegend in Handarbeit durchgeführt. Geräte, wie

2 Historie der Baugrundbeschreibung

Abbildung 1 Herstellen einer Packlage 1957

Abbildung 2 Grabenaushub 1957

2 Historie der Baugrundbeschreibung

sie heute auf jeder Kleinbaustelle zu sehen sind, hat es nur in Ansätzen gegeben. Seilbagger, mit heute nicht mehr zu vergleichenden Leistungen, waren wenn nur auf großen Baustellen zu finden.

Somit ist zu erklären, dass in der VOB ATV DIN 18300 aus dem Jahre 1958 die Unterscheidung zwischen einem „bindigen mittelschweren Boden" und einem „schweren Boden" wie folgt vorgenommen wurde:

2.25 *bindiger mittelschwerer Boden*
Bodenarten, die in naturfeuchtem Zustand einen erheblichen Zusammenhang haben, z.B. stark lehmiger Sand, sandiger Lehm, Lehm, Mergel, Löß und Lößlehm. Diese Bodenarten **können mit dem Spaten bearbeitet** *werden*

2.26 *schwerer Boden*
Bodenarten mit festem Zusammenhang und von zäher Beschaffenheit, z.B. fetter steifer Ton, und Bodenarten der Bodenklasse nach Abschnitt 2.25, die stark ausgetrocknet sind; diese Bodenarten **können mit dem Spaten nicht mehr bearbeitet** *werden, sondern müssen gesondert aufgelockert werden*

Die einfache Form der „Gerätetechnik" in Form eines Spatens, die dem damaligen Stand bei der Ausführung von Erdarbeiten entsprach, war das Unterscheidungsmerkmal für eine Bodenklasse.

Felsarten wurden dadurch unterschieden (ATV DIN 18300, 1958, Absatz 2.27 und 2.28), ob diese noch ohne Sprengarbeit gelöst werden können oder, ob sie *„wegen ihrer Festigkeit üblicherweise mit Sprengarbeit gelöst werden"*.

Mit dem zunehmenden Maschineneinsatz zum Lösen und Transportieren von Boden zu Beginn der 70er Jahre und dem steigenden Anteil an leistungsfähigen Hydraulikgeräten, die Seilbagger und teilweise noch dampfbetriebene Geräte verdrängten, musste auch die VOB/C diesem technischen Fortschritt angepasst werden.

Dies geschah mit der Fassung der VOB/C Ausgabe 1974. Die vorher bekannten Klassifizierungen der ATV DIN 18300 wurden zusammengefasst und den vorhandenen technischen Gegebenheiten systematisch angepasst. Der Baugrund wurde nun nach bodenmechanischen Kennwerten wie Korngrößen, Plastizität oder mineralischem Zusammenhalt in Klassen eingeteilt. Ein Bezug zu technischen Lösemöglichkeiten des Baugrundes, wie einen Spaten oder, ob ein Fels mit oder ohne Sprengung gelöst werden kann, wurde fallen gelassen, da man dem Auftragnehmer in der Regelleistung

2 Historie der Baugrundbeschreibung

keine Vorgaben machen wollte, wie er die auszuführenden Leistungen technisch umsetzen sollte. Dies wurde dann auch so in Abschnitt 3.1.6 der ATV DIN 18300, Ausgabe 1974, wie folgt festgelegt:

„Die Wahl des Bauverfahrens sowie Wahl und Einsatz der Baugeräte ist Sache des Auftragnehmers, wenn in der Leistungsbeschreibung darüber nichts vorgeschrieben ist"

Mit der weiteren gerätetechnischen Entwicklung wurden im Laufe der Zeit auch andere Gewerke aus dem Tiefbau und dem Spezialtiefbau, wie z.B. „Untertagebauarbeiten" (ATV DIN 18312) oder „Schlitzwandarbeiten mit stützenden Flüssigkeiten" (ATV DIN 18318), in die VOB/C eingeführt.

Hierbei wurde jeweils auf eine gewerkspezifische Beschreibung des Baugrundes großer Wert gelegt, um die jeweiligen speziellen Besonderheiten so genau wie möglich abbilden zu können.

So entstanden bis zur VOB/C, Ausgabe 2012, insgesamt 13 Normen, die Boden und Fels als Bearbeitungsmedium in unterschiedlichster Art beinhalten.

DIN	Gewerk	Anzahl für			
		Boden		Fels	
		Klassen	Zusatzklassen	Klassen	Zusatzklassen
18300	Erdarbeiten	5	0	2	0
18301	Bohrarbeiten	8	4	6	5
18311	Nassbaggerarbeiten	9	3	2	0
18319	Rohrvortriebsarbeiten	15	6	8	0
18312	Untertagebauarbeiten	bis 7 Vortriebsklassen			

Abbildung 3 Gegenüberstellung der Anzahl der Boden- und Felsklassen der ATV-Normen (Stand September 2012) [2]

Dies führte dazu, dass der anstehende Boden bzw. Fels je nach Gewerk in unterschiedliche Klassen und Zusatzklassen eingeteilt wurde, obwohl es sich immer um denselben Baugrund handelte.

Ein halbfester, tonig-schluffiger Boden wurde in der ATV DIN 18301 in die Klasse BB3 eingeordnet, bei Rohrvortriebsarbeiten nach ATV DIN 18319 in

2 Historie der Baugrundbeschreibung

die Klasse LBM2 und bei Erdarbeiten nach ATV DIN 18300 in die Klasse 4. Nach DIN 18196 „Erd- und Grundbau – Bodenklassifikation für bautechnische Zwecke" wird ein solcher Boden als TL/TM bezeichnet.

Folglich gibt es vier unterschiedliche Bezeichnungen für ein und denselben Baugrund.

Da bei der Fortschreibung der VOB/C im Jahr 2009 durch weitere ATV, die noch keine gewerkespezifische Klassenaufteilung beinhalteten, neue spezielle Klassen entstanden wären, und bei den ATV, die schon eine Klasseneinteilung hatten, neue zusätzliche Klassen hinzugekommen wären, hat der Hauptausschuss Tiefbau im Deutschen Vergabe- und Vertragsausschuss (HAT) im Jahr 2011 dem Vorstand des deutschen Vergabe- und Vertragsausschusses für Bauleistungen (DVA) einen Vorschlag zur Vereinheitlichung der Baugrundbeschreibung in den ATV der VOB Teil C unterbreitet. Damit sollte unter anderem auch das sehr große und breite Spektrum der verschiedensten Klassifizierungen und Begrifflichkeiten durch ein einheitliches System ersetzt werden.

Dies hatte zur Folge, dass die Boden- und Felsklassen weggefallen sind und durch die Beschreibung von Homogenbereichen ersetzt wurden.

Für die ATV DIN 18304 und 18313 wurde die Einführung der Homogenbereiche bereits mit der VOB in der Ausgabe 2012 umgesetzt.

Ab September 2015 wurde die gewerkespezifische Baugrundbeschreibung mit Homogenbereichen in folgenden ATV festgeschrieben:

ATV DIN 18300 „Erdarbeiten"[**]

ATV DIN 18301 „Bohrarbeiten"

ATV DIN 18303 „Verbauarbeiten" (Verweis auf ATV DIN 18300)

ATV DIN 18304 „Ramm-, Rüttel- und Pressarbeiten"[*]

ATV DIN 18311 „Nassbaggerarbeiten"

ATV DIN 18312 „Untertagebauarbeiten"

ATV DIN 18313 „Schlitzwandarbeiten"[*]

ATV DIN 18319 „Rohrvortriebsarbeiten"

ATV DIN 18320 „Landschaftsbauarbeiten"

ATV DIN 18321 „Düsenstrahlarbeiten"

ATV DIN 18324 „Horizontalspülbohrungen"

[*] (mit Erlass WS 15/5256.11/2 vom 19. Dezember 2012 schon eingeführt)
[**] (Erlass ARS Nr. 19/2015 vom 30.10.2015 ist zu beachten)

3 Umstellung der Baugrundbeschreibung in der VOB/C von Bodenklassen auf Homogenbereiche

Grundlage jeder Leistungsbeschreibung sollte es sein, dass der Auftragnehmer prinzipiell genau das versteht, was der Auftraggeber von ihm verlangt. Da der Auftragnehmer mit oder in dem vom Auftraggeber zur Verfügung gestellten Baugrund arbeiten soll, ist der Auftraggeber zu einer entsprechenden gewerkeorientierten Beschreibung verpflichtet.

Hierzu gibt § 7 VOB/A Vorgaben für eine ordnungsgemäße Ausschreibung:

- *Die Leistung ist eindeutig und so erschöpfend zu beschreiben, dass alle Unternehmen die Beschreibung im gleichen Sinne verstehen müssen und ihre Preise sicher und ohne umfangreiche Vorarbeiten berechnen können.*
- *Um eine einwandfreie Preisermittlung zu ermöglichen, sind alle sie beeinflussenden Umstände festzustellen und in den Vergabeunterlagen anzugeben.*
- *Dem Auftragnehmer darf kein ungewöhnliches Wagnis aufgebürdet werden für Umstände und Ereignisse, auf die er keinen Einfluss hat und deren Einwirkung auf die Preise und Fristen er nicht im Voraus schätzen kann.*
- *Die für die Ausführung der Leistung wesentlichen Verhältnisse der Baustelle, z.B. Boden- und Wasserverhältnisse, sind so zu beschreiben, dass das Unternehmen ihre Auswirkungen auf die bauliche Anlage und die Bauausführung hinreichend beurteilen kann.*
- *Die „Hinweise für das Aufstellen der Leistungsbeschreibung" in Abschnitt 0 der Allgemeinen Technischen Vertragsbedingungen für Bauleistungen, DIN 18299 ff., sind zu beachten.*

Um diesen Forderungen hinsichtlich einer allgemein verständlichen Baugrundbeschreibung nachzukommen, wurden nun zur gewerkespezifischen Leistungsbeschreibung sogenannte Homogenbereiche eingeführt.

Die Gründe hierfür liegen in folgenden Überlegungen:

- Aufgrund der Vielzahl der Bodenklassen in der VOB/C, die bei einer Fortschreitung zahlenmäßig nur noch zunehmen würde, und der damit ver-

3 Umstellung der Baugrundbeschreibung in der VOB/C

bundenen Beschreibungen und Abkürzungen ergibt sich im Ganzen eine große Unübersichtlichkeit.
- Dies wäre verbunden mit teilweise gleichen Klassenbezeichnungen in unterschiedlichen Gewerken mit differentem Inhalt (zumal, wenn Bodenklassen für beinahe alle Spezialtiefbaugewerke eingeführt würden).
- Fortgeschrittene Gerätetechnik hat manche Bodenklassen überflüssig gemacht (z.B. ATV DIN 18300 „Erdarbeiten": Aushub in den Bodenklassen 3 bis 5). Hier wird heute so gut wie keine Unterscheidung mehr gemacht, da die üblicherweise verwendeten Geräte auch keinen nennenswerten Leistungsunterschied bei der Ausführung von Arbeiten in diesen Bodenklassen aufweisen. (Basis war die VOB aus dem Jahre 1974!)
- Die Geotechnik kann den Baugrund mit genormten Untersuchungen und Parametern so hinreichend beschreiben, dass eine gewerkespezifische Beschreibung des Baugrundes möglich ist.

4 Definition „Homogenbereich"

Der Begriff „Homogenbereich" stammt aus der DIN 4020:2003-09 „Geotechnische Untersuchungen für bautechnische Zwecke".

Die Definition hierzu lautet:

3.2 Homogenbereich:

begrenzter Bereich von Boden oder Fels, dessen Eigenschaften eine definierte Streuung aufweisen und sich von den Eigenschaften der abgegrenzten Bereiche abheben.

Diese Definition ist zwar in der neuen DIN 4020:2010-12 und in der DIN EN 1997-2 nicht mehr enthalten, wird aber in den VOB/C-Normen beibehalten, da dies eine Definition darstellt, welche die gewerkspezifische Beschreibung eines Boden- oder Felsbereiches gut abbildet.

Aktuell wird generell folgende Formulierung in den neuen ATV verwendet:

Einteilung von Boden und Fels in Homogenbereiche:

Boden und Fels sind entsprechend ihrem Zustand vor dem [Lösen] in Homogenbereiche einzuteilen. Der Homogenbereich ist ein begrenzter Bereich, bestehend aus einzelnen oder mehreren Boden- oder Felsschichten, der für [das jeweilige Bauverfahren] vergleichbare Eigenschaften aufweist.

Sind umweltrelevante Inhaltsstoffe zu beachten, so sind diese bei der Einteilung in Homogenbereiche zu berücksichtigen.

Für die Homogenbereiche sind folgende Eigenschaften und Kennwerte sowie deren ermittelte Bandbreite anzugeben. Nachfolgend sind die Normen oder Empfehlungen angegeben, mit der diese Kennwerte ggf. zu überprüfen sind. Wenn mehrere Verfahren zur Bestimmung möglich sind, ist eine Norm oder Empfehlung festzulegen.

Homogenbereiche sind in der Geotechnik nichts Neues. Jeder geotechnischen statischen Berechnung liegen diese zugrunde.

Baugrundbereiche, die annähernd die gleichen geotechnischen Kennwerte mit einer gewissen Streuung für eine statische oder andere geotechnische Berechnung aufweisen, werden zu diesem Zweck zu einem Homogenbereich zusammengefasst.

Die Vorgabe hierfür kommt vom geotechnischen Sachverständigen.

4 Definition „Homogenbereich"

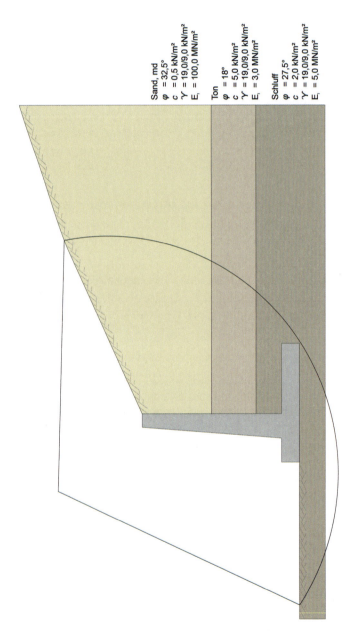

Abbildung 4 Darstellung von Homogenbereichen für die statische Berechnung einer Stützwand

4 Definition „Homogenbereich"

Meist stellen Bodenschichten die Abgrenzung für die Definition eines Homogenbereiches für statische oder andere geotechnische Berechnungen (z.B. Umströmungsberechnungen einer Baugrubenwand) dar.

Für die Definition eines Homogenbereiches im Sinne der VOB/C gelten dem Grunde nach dieselben Voraussetzungen wie die, die für eine geotechnische statische Berechnung angesetzt werden, mit dem großen Unterschied, dass bei der VOB/C die Abgrenzung einer „Homogenität" nicht zwingend die Schichtgrenzen mit unterschiedlichen geotechnischen Parametern sind, sondern vielmehr die für das jeweilige Bauverfahren vergleichbaren Eigenschaften.

Der Kernsatz, *„Der Homogenbereich ist ein begrenzter Bereich, bestehend aus einzelnen oder mehreren Boden- oder Felsschichten, der für [das jeweilige Bauverfahren] vergleichbare Eigenschaften aufweist"*, ist wie folgt zu verstehen:

> Ein Homogenbereich ist so zu definieren, dass dieser Boden- oder Felsbereiche bzw. Boden- oder Felsschichten zusammenfasst, die gewerkespezifisch gleiche Leistungswerte für das Bearbeiten, wie z.B. Lösen, Laden und Transportieren, Bohren, Rammen etc., erwarten lassen.

Für eine ordnungsgemäße Kalkulation ist der Ansatz eines nachvollziehbaren Leistungswertes Grundlage jeder seriösen Preisbildung. Für den Auftragnehmer soll mit der gewerkespezifischen Beschreibung eines Homogenbereiches mit bodenmechanischen Kennwerten genau diese Möglichkeit gegeben werden. Dies setzt aber voraus, dass der Ausschreibende bzw. dessen Erfüllungsgehilfe (meist der geotechnische Sachverständige) über ausreichende Kenntnisse der gewerkespezifischen leistungsbeeinflussenden Eigenschaften eines Baugrundes verfügt. Nur auf dieser Basis können und müssen unterschiedliche Homogenbereiche in einem Gewerk abgebildet werden.

Dies bedeutet, dass Homogenbereiche im Sinne der VOB/C mit geotechnischen Schichtgrenzen zusammenfallen können, aber nicht unbedingt müssen. Es kommt also hierbei nur darauf an, dass Bereiche mit voraussichtlich gleichen gewerkespezifischen Leistungsparametern zusammengefasst werden.

4 Definition „Homogenbereich"

Boden oder Felsschicht	Altes System DIN 18300	Homogenbereiche Gewerk 1 Erdbau DIN 18300	Homogenbereiche Gewerk 2 Bohrarbeiten DIN 18301
Schicht 1	Klasse 3	Homogenbereich 1	Homogenbereich 1
Schicht 2	Klasse 4		Homogenbereich 2
Schicht 3			
Schicht 4	Klasse 6	Homogenbereich 2	Homogenbereich 3

Abbildung 5 Mögliche Einteilung in Homogenbereiche

Die VOB/C zielt hierbei nicht nur auf die bodenmechanisch oder felsmechanisch unterschiedlichen Eigenschaften ab, sondern hat in dem Absatz „Einteilung von Boden und Fels in Homogenbereiche" noch folgendes zusätzliches unabhängiges Kriterium zur Einteilung von Boden in Homogenbereiche eingeführt:

„Sind umweltrelevante Inhaltsstoffe zu beachten, so sind diese bei der Einteilung in Homogenbereiche zu berücksichtigen."

Hieraus folgt, dass die besonderen Handhabungen im Umgang mit belasteten Böden in einem speziellen Homogenbereich zu berücksichtigen sind. Speziell bedeutet dies, dass z.B. ein bodenmechanisch identischer Baugrund, der für das Lösen, Bohren etc. „vergleichbare Eigenschaften" aufweist und somit in einem Homogenbereich abgebildet werden müsste, bei Antreffen von Belastungen mindestens schon einmal in zwei Homogenbereiche unterteilt werden muss. Sind die Belastungen unterschiedlich stark ausgeprägt und sind hierfür jeweils besondere Maßnahmen, wie z.B. Separieren, gesonderte Untersuchungen, Lagern in abgeschlossenen Behältern etc. oder spezielle HSE- (Health, Safety, Environment) Maßnahmen beim Umgang mit dem Baugrund erforderlich, so ist die Anzahl der Homogenbereiche darauf abzustimmen.

Die Einteilung in Homogenbereiche erfolgt somit nicht nur nach boden- oder felsmechanischen Eigenschaften, sondern zusätzlich noch nach umweltrelevanten Gesichtspunkten, sodass immer nur „vergleichbare Eigenschaften" (= vergleichbare, kalkulierbare Leistungen) des Baugrundes dargestellt werden.

5 Homogenbereiche in den ATV der VOB/C

In den verschiedenen ATV der VOB/C, bei denen zur gewerkespezifischen Beurteilung des Baugrundes nun Homogenbereiche eingeführt wurden, sieht dies beispielhaft für „Erdarbeiten", „Bohrarbeiten" sowie für „Ramm-, Rüttel- und Pressarbeiten" wie folgt aus:

ATV DIN 18300 Erdarbeiten
Boden und Fels sind entsprechend ihrem Zustand vor dem Lösen in Homogenbereiche einzuteilen. Der Homogenbereich ist ein begrenzter Bereich, bestehend aus einzelnen oder mehreren Boden- oder Felsschichten, der für einsetzbare Erdbaugeräte vergleichbare Eigenschaften aufweist.

ATV DIN 18301 Bohrarbeiten
Boden und Fels sind entsprechend ihrem Zustand vor dem Lösen in Homogenbereiche einzuteilen. Der Homogenbereich ist ein begrenzter Bereich, bestehend aus einzelnen oder mehreren Boden- oder Felsschichten, der für Bohrarbeiten vergleichbare Eigenschaften aufweist.

ATV DIN 18304 Ramm-, Rüttel- und Pressarbeiten
Boden und Fels sind entsprechend ihrem Zustand vor den Ramm-, Rüttel- oder Pressarbeiten in Homogenbereiche einzuteilen. Der Homogenbereich ist ein begrenzter Bereich, bestehend aus einzelnen oder mehreren Boden- oder Felsschichten, der für Ramm-, Rüttel- und/oder Pressarbeiten vergleichbare Eigenschaften aufweist.

In allen ATV-Normen mit Homogenbereichen müssen Boden und Fels selbstverständlich immer vor dem eigentlichen gewerkespezifischen „Bearbeiten" des Baugrundes beschrieben werden. Nur auf dieser Grundlage ist eine Kalkulation der geforderten Leistung möglich.

Auch wenn es in diesen ATV jeweils lautet,

... *der für einsetzbare Erdbaugeräte vergleichbare Eigenschaften aufweist*

... *der für Bohrarbeiten vergleichbare Eigenschaften aufweist*

... *der für Ramm-, Rüttel- und/oder Pressarbeiten vergleichbare Eigenschaften aufweist,*

ist damit nicht gemeint, dass der Auftraggeber hiermit verpflichtet würde, Gerätetypen oder Gerätekategorien für die jeweiligen Gewerke vorzugeben.

Für die Auswahl der Geräte bleibt immer noch der Auftragnehmer verantwortlich.

5 Homogenbereiche in den ATV der VOB/C

An dieser Vorgabe hat auch die Einführung der Homogenbereiche nichts geändert. Werden nicht leistungsfähige oder gar für das entsprechende Gewerk nicht geeignete Geräte von Seiten des Auftragnehmers eingesetzt, so bleiben die Konsequenzen allein in seinem Verantwortungsbereich, es sei denn, dass der real angetroffene Baugrund nicht mit der Beschreibung des erwarteten Homogenbereiches unter Beachtung einer angemessenen Toleranz übereinstimmt. Das Stichwort Toleranz wirft die juristisch spannende Frage auf, von welcher Toleranz der Unternehmer denn im Zweifel ausgehen kann oder muss. Bestimmte Druckfestigkeiten oder andere Parameter der Baugrundbeschreibung werden ausweislich der DIN 18300 in bestimmten Bandbreiten angegeben. Dort heißt es in Abschnitt 2.3 („Einteilung von Boden und Fels in Homogenbereiche"):

> „Für die Homogenbereiche sind folgende Eigenschaften und Kennwerte sowie deren ermittelte **Bandbreite** anzugeben." [Hervorhebung durch den Verfasser]

Es kommt also im Ergebnis auf die Bandbreite an, wie diese gewählt ist und was gelten soll, wenn die Bandbreite, die ja bekanntlich durch zwei konkrete Werte (nach oben und nach unten) begrenzt wird, verlassen wird. Konkret: Wenn ein bestimmter Parameter anzugeben ist und dieser mit einem nominellen Wert von 15,0 bis 20,0 angegeben ist. Was soll gelten, wenn 20,1 einmal erreicht wird? Ist das technisch etwas völlig Anderes, als wenn 19,9 einmal erreicht werden? Macht es dann Sinn, im Falle der 20,1 einen Nachtrag zu gewähren und wie sind die Kosten zu ermitteln? Kann der Unternehmer rechnerisch eine Bauzeitverlängerung aufgrund der die Bandbreite verlassenden Abweichung verlangen, obwohl die maschinelle Leistung bei 19,9 völlig identisch ist wie bei 20,1?

Man wird alle diese Fälle, wie häufig, nicht mit einer pauschalen Antwort lösen können, sondern man muss sich sicherlich zunächst einmal genau den Vertrag anschauen. Gibt es eine Regelung, wie mit Abweichungen von Bandbreiten umzugehen ist, so ist exakt danach zu verfahren. In der Regel gibt es in (vertraglichen oder technischen) Regelwerken ohnehin Toleranzvorschriften, wie etwa in der DIN 18202 oder dergleichen. Doch selbst unter Beachtung einer etwaig einzuhaltenden Toleranz gibt es eben, wie in dem vorbeschriebenen Beispielsfall, eine Überschreitung von Bandbreite und etwaiger Toleranz. Die Fragen lauten dann: Haben wir also abweichende Baugrundverhältnisse und wie ist damit umzugehen?

5 Homogenbereiche in den ATV der VOB/C

Die erste Teilfrage ist unzweifelhaft mit JA zu beantworten. Die beschriebenen Baugrundverhältnisse sind nicht mehr vorhanden, die beschriebene Bandbreite plus eine etwaige Toleranz sind überschritten.

Die zweite Teilfrage ist, daran anknüpfend, welche rechtlichen Konsequenzen sich daraus ergeben. Grundsätzlich gilt hier, was der BGH in der oben genannten Entscheidung (VII ZR 202/07 vom 20.8.2009) bereits festgestellt hat: Im Falle abweichender Baugrundverhältnisse kommen Mehrvergütungsansprüche gemäß § 2 Abs. 5 VOB/B grundsätzlich in Betracht. Der Auftragnehmer muss aber dezidiert nachweisen, dass ihm ein Mehraufwand entstanden ist, wobei keine Nachweisführung wie im Falle des Schadensersatzes angezeigt ist, sondern eine kalkulatorische Fortschreibung des Vertragspreisniveaus. Bei systematisch richtiger Vorgehensweise kann es auch im hier beschriebenen Fall keine andere Lösung geben: Die grundsätzliche Vergütungsfähigkeit steht fest. Allerdings wird der Unternehmer nachzuweisen haben, ob sich tatsächlich eine geänderte Ausführung ergeben hat. Die monetären Folgen daraus sind dann kalkulatorisch herzuleiten.

Die Vorgabe des Bauverfahrens als Regel verbleibt aber weiterhin beim Auftraggeber, es sei denn, dass er dem Auftragnehmer bewusst die Wahl des Bauverfahrens überlässt. Dann ist der Auftraggeber aber auch verpflichtet, für die möglichen Bauverfahren alle relevanten Baugrundparameter und Homogenbereiche anzugeben, sodass der Auftragnehmer auch in die Lage versetzt wird, die „richtige" Wahl des Bauverfahrens vornehmen zu können.

6 Beschreibung von Homogenbereichen in der VOB/C

Die Beschreibung der Homogenbereiche erfolgt im Rahmen der Erstellung des Geotechnischen Berichtes für das entsprechende Bauvorhaben. Dies ist im Eurocode EC 7 geregelt. (Siehe DIN EN 1997-2 in Verbindung mit DIN EN ISO 14688-1, DIN EN ISO 14688-2 und DIN EN ISO 14689-1.)

Ein Homogenbereich wird generell mit Hilfe von bestimmten Bodenkennwerten (geotechnischen Kennwerten (DIN EN 1997-1)) beschrieben. Diese werden auf der Grundlage von Labor- und Feldversuchen, ergänzt durch vergleichbare Erfahrungen (DIN EN 1997-1), festgelegt.

Hieraus werden dann sogenannte „charakteristische" Kennwerte abgeleitet. In der DIN EN 1997-1: 2014-03, 2.4.5.2 heißt es hierzu unter anderem:

(7) Der für das Verhalten des geotechnischen Bauwerks maßgebende Baugrundbereich ist gewöhnlich viel größer als ein Versuchskörper oder als der Bodenbereich, der von einem Feldversuch erfasst wird. Daher sind die maßgebenden Kenngrößen oft Mittelwerte aus einem Wertebereich über eine große Fläche oder ein großes Volumen des Baugrunds. Der charakteristische Wert sollte dann ein vorsichtiger Schätzwert dieses Mittelwertes sein.

Diese charakteristischen Kennwerte werden für die Berechnung und Bemessung geotechnischer Bauwerke verwendet. Generell gilt hierbei, dass die jeweils anzusetzenden Werte als „auf der sicheren Seite" liegend in Ansatz zu bringen sind. In der DIN EN 1997-1: 2014-03, 2.4.5.2 wird dies wie folgt ausgedrückt:

(5) Charakteristische Werte können untere Werte sein, die niedriger sind als die wahrscheinlichsten, oder obere Werte, die darüber liegen.

Angabe der charakteristischen Werte:

für Bemessung „A":   Wert = x
für Bemessung „B":   Wert = y

Es sind also immer eindeutige Werte für die Berechnung und Bemessung anzugeben.

Die Angabe der charakteristischen Kennwerte in einem Wertebereich von z.B. „x bis y" oder
„> x" oder
„< y"

6 Beschreibung von Homogenbereichen in der VOB/C

stellt keine eindeutige Angabe zur Dimensionierung und Bemessung dar und ist somit nicht zielführend [7].

Für die Bemessung und Berechnung z.b. der „Schnittgrößen einer Düsenstrahlsohle" ist beispielsweise der Wert „A" anzusetzen.

Für die Beschreibung der jeweiligen Kennwerte für die gewerkespezifischen Homogenbereiche in der VOB/C kann es hierbei aber zu einer unterschiedlichen Bewertung im Vergleich zu den „charakteristischen" Werten für die Berechnung und Bemessung kommen.

Zum Beispiel können für eine undränierte Scherfestigkeit c_u aus Labor- und Feldversuchen Werte zwischen 40 kN/m² und 90 kN/m² ermittelt werden. Für eine erdstatische Berechnung kann hieraus nach den Vorgaben der DIN EN 1997-1 z.B. ein charakteristischer Wert von c_u = 40 kN/m² (Wert „A") im Geotechnischen Bericht angegeben werden. Die Festlegung dieses Wertes erfolgt ganz nach den Vorgaben der DIN EN 1997-1(der charakteristische Wert als ein vorsichtiger Schätzwert).

Für die Herstellung von Düsenstrahlkörpern in diesem Baugrund ist nach der ATV DIN 18321 ebenfalls der Kennwert der undränierten Scherfestigkeit mit einer entsprechenden Bandbreite anzugeben.

Hier wird der Unterschied zwischen der Angabe von Bodenkennwerten für erdstatische Berechnungen (charakteristischer Kennwert = eindeutiger Zahlenwert) und der Angabe von Bodenkennwerten für gewerkespezifische Arbeiten nach der VOB/C deutlich.

Z.B. ATV DIN 18321, Abschnitt 2.4:
Für die Homogenbereiche sind folgende Eigenschaften und Kennwerte sowie deren ermittelte Bandbreite anzugeben.

Hier ist die Angabe einer Bandbreite von Bodenkennwerten gefordert, die aber derart gewählt werden muss, dass darin die Forderung nach *„vergleichbaren Eigenschaften"* für ein spezielles Gewerk Berücksichtigung findet.

Es wäre nun in diesem Beispiel für die reale Ausführung der Düsenstrahlarbeiten gänzlich falsch und würde den Vorgaben konkret in der ATV DIN 18321, Abschnitt 2.4 widersprechen (*„Boden und Fels sind entsprechend ihrem Zustand vor dem Düsen in Homogenbereiche einzuteilen. ... der für das Düsen vergleichbare Eigenschaften aufweist."*), wenn nun analog dem Wert für erdstatische Berechnungen ebenfalls ein Wert von c_u = 40 kN/m² angegeben werden würde.

6 Beschreibung von Homogenbereichen in der VOB/C

Die Lösung für die Baugrundbeschreibung nach ATV DIN 18321 ist allerdings auch nicht, nun eine Bandbreite von 40 kN/m² bis 90 kN/m² anzugeben. Der Aufwand zur Herstellung eines Kubikmeters verfestigtem Düsenstrahlkörper ist bei einem Baugrund mit einer undränierten Scherfestigkeit c_u von 90 kN/m² unverhältnismäßig höher als bei einem Baugrund mit einer undränierten Scherfestigkeit c_u von 40 kN/m².

In einem solchen Fall sind mindestens zwei Homogenbereiche mit einem entsprechenden Massenvordersatz anzugeben, sodass die Forderung „*vergleichbare Eigenschaften*" eingehalten werden kann.

Für dieses Beispiel müsste für die Herstellung von Düsenstrahlelementen Folgendes angegeben werden:
Homogenbereich „P" c_u: 40 bis 60 kN/m²
Homogenbereich „Q" c_u: 60 bis 90 kN/m²

Generell wurden für die vollständige Beschreibung des Baugrundes durch Homogenbereiche in der VOB/C für Boden und Fels in den jeweiligen Arbeitsausschüssen und im HAT (Hauptausschuss Tiefbau im DVA) bestimmte Merkmale festgelegt.

Es handelt sich hierbei meist um bodenmechanische Kennwerte, die nach deutschen oder europäischen Normen ermittelt werden (siehe Abbildungen 6 und 7). Da es für die Bestimmung der Abrasivität aber keine eingeführte Norm gibt, die Beschreibung der Abrasivität aber ein sehr wichtiger Faktor zur gewerkespezifischen Einschätzung der Eigenschaft von Boden oder Fels ist, wurden hier die französischen Normen NF P18-579 und NF P94-430-1 festgelegt.

Weiterhin wurde die „ortsübliche Bezeichnung" von Boden oder Fels mit in die Liste der Beschreibungsmerkmale aufgenommen, da somit für die Anwender sehr schnell die Boden- oder Felseigenschaften eingeschätzt, aber auch abgerechnet werden können.

6 Beschreibung von Homogenbereichen in der VOB/C

Nr	Eigenschaften/Kennwerte für BODEN	Norm
1	ortsübliche Bezeichnung	
2	Korngrößenverteilung	DIN 18123
3a	Masseanteil an Steinen > 63-200 mm	DIN EN ISO 14688-1
3b	Masseanteil an Steinen > 200-630 mm	DIN EN ISO 14688-1
3c	Masseanteil an Steinen > 630 mm	DIN EN ISO 14688-1
4	Mineralogische Zusammensetzung der Steine und Blöcke	DIN EN ISO 14689-1
5	Dichte	DIN EN ISO 17892-2 und DIN 18125-2
6	Kohäsion	DIN 18137 Teil 1 bis 3
7	undrainierte Scherfestigkeit	DIN 4094-4 od. DIN 18136 od. DIN 18137-2
8	Sensitivität	DIN 4094-4
9	Wassergehalt	DIN EN ISO 17892-1
10a	Plastizität	DIN EN ISO 14688-1 (5.8)
10b	Plastizitätszahl	DIN 18122-1
11a	Konsitenz	DIN EN ISO 14688-1 (5.14)
11b	Konsistenzzahl	DIN 18122-1
12	Durchlässigkeit	DIN 18130
13	Lagerungsdichte	Definition nach DIN EN ISO 14688-2, Bestimmung nach DIN 18126
14	Kalkgehalt	DIN 18129
15	Sulfatgehalt	DIN EN 1997-2
16	Organischer Anteil	DIN 18128
17	Benennung und Beschreibung organischer Böden	DIN EN ISO 14688-1
18	Abrasivität	NF P18-579
19	Bodengruppe	DIN 18196/DIN18915

Abbildung 6   Kennwerte und Eigenschaften für Boden mit Normenangabe

6 Beschreibung von Homogenbereichen in der VOB/C

Nr	Eigenschaften/Kennwerte für FELS	Norm
1	ortsübliche Bezeichnung	
2	Benennung von Fels	DIN EN ISO 14689-1
3	Dichte	DIN EN ISO 17892-2 oder DIN 18125-2
4	Verwitterung und Veränderungen, Veränderlichkeit	DIN EN ISO 14689-1
5	Kalkgehalt	DIN 18129
6	Sulfatgehalt	DIN EN 1997-2
7	Druckfestigkeit	DGGT Empfehlung Nr. 1
8	Spaltzugfestigkeit	DGGT Empfehlung Nr. 10
9a	Trennflächenrichtung	DIN EN ISO 14689-1
9b	Trennflächenabstand	DIN EN ISO 14689-1
9c	Gesteinskörperform	DIN EN ISO 14689-1
10a	Öffnungsweite von Trennflächen	DIN EN ISO 14689-1
10b	Kluftfüllung von Trennflächen	DIN EN ISO 14689-1
11	Gebirgsdurchlässigkeit	DIN EN ISO 14689-1
12	Abrasivität	NF P94-430-1

Abbildung 7 Kennwerte und Eigenschaften für Fels mit Normenangabe

Da aber gewerkspezifisch nicht alle in den Abbildungen 6 und 7 angegebenen Kennwerte für die Boden- oder Felsbeschreibung notwendig sind, sondern nur solche, die von den jeweiligen Arbeitskreisen und dem HAT als erforderlich zur Beurteilung des Baugrundes für das entsprechende Gewerk definiert wurden, gibt es unterschiedliche gewerkeorientierte Zusammenstellungen von Kennwerten je nach den ATV.

Eine entsprechende Übersicht ist in den Abbildungen 8 und 9 enthalten. Hier werden in einer Matrix die jeweils erforderlichen Boden- und Felsparameter in Abhängigkeit von der jeweiligen ATV der VOB/C dargestellt.

Die Kennwerte selbst können eine bestimmte Bandbreite (von – bis) aufweisen, analog wie dies in der DIN 4020 als „definierte Streuung" bezeichnet wird bzw. wie in der Definition der ATV jeweils von einer „für [das jeweilige Bauverfahren] vergleichbaren Eigenschaft" die Rede ist.

6 Beschreibung von Homogenbereichen in der VOB/C

Nr	Eigenschaften/Kennwerte für BODEN	DIN 18300 Erdarbeiten	DIN 18300 Erdarbeiten GK 1 (DIN 4020)	DIN 18301 Bohrarbeiten	DIN 18304 Ramm-Rüttel-arbeiten	DIN 18311 Nassbagger-arbeiten	DIN 18312 Untertage-bauarbeiten	DIN 18313 Schlitzwand-arbeiten	DIN 18319 Rohrvortrieb	DIN 18320 Landschafts-bauarbeiten	DIN 18321 Düsenstrahl-arbeiten	DIN 18324 Horizontal-spülbohrungen
1	ortsübliche Bezeichnung											
2	Korngrößenverteilung											
3a	Masseanteil an Steinen >63-200 mm											
3b	Masseanteil an Steinen >200-630 mm											
3c	Masseanteil an Steinen > 630 mm											
4	Mineralogische Zusammensetzung der Steine und Blöcke											
5	Dichte											
6	Kohäsion											
7	undrainierte Scherfestigkeit											
8	Sensitivität											
9	Wassergehalt											
10a	Plastizität											
10b	Plastizitätszahl											
11a	Konsitenz											
11b	Konsistenzzahl											
12	Durchlässigkeit											
13	Lagerungsdichte											
14	Kalkgehalt											
15	Sulfatgehalt											
16	Organischer Anteil											
17	Benennung und Beschreibung organischer Böden											
18	Abrasivität									DIN 18915		
19	Bodengruppe											

ergänzend für Vortriebe mit Schildmaschinen

Abbildung 8 Matrix mit den erforderlichen Kennwerten zur Baugrundbeschreibung für die jeweiligen ATV der VOB Teil C für „Boden"

6 Beschreibung von Homogenbereichen in der VOB/C

Nr	Eigenschaften/Kennwerte für Fels	DIN 18300 Erdarbeiten	DIN 18300 Erdarbeiten GK 1 (DIN 4020)	DIN 18301 Bohrarbeiten	DIN 18304 Ramm-Rüttel-arbeiten	DIN 18311 Nassbagger-arbeiten	DIN 18312 Untertage-bauarbeiten	DIN 18313 Schlitzwand-arbeiten	DIN 18319 Rohrvortrieb	DIN 18320 Landschafts-bauarbeiten	DIN 18321 Düsenstrahl-arbeiten	DIN 18324 Horizontal-spülbohrungen
1	ortsübliche Bezeichnung	■	■	■	■	■	■	■	■	■	■	■
2	Benennung von Fels	■	■	■	■	■	■	■	■	■	■	■
3	Dichte			■		■	■	■	■		■	
4	Verwitterung und Veränderungen, Veränderlichkeit	■	■	■	■	■	■	■	■	■	■	■
5	Kalkgehalt										■	
6	Sulfatgehalt										■	
7	Druckfestigkeit	■	■	■	■	■	■	■	■		■	■
8	Spaltzugfestigkeit			■			■	■	■		■	■
9a	Trennflächenrichtung	■	■	■		■	■	■	■		■	■
9b	Trennflächenabstand	■	■	■		■	■	■	■		■	■
9c	Gesteinskörperform	■	■	■		■	■	■	■		■	■
10a	Öffnungsweite von Trennflächen			■			■	■	■		■	■
10b	Kluftfüllung von Trennflächen			■			■	■	■		■	■
11	Gebirgsdurchlässigkeit			■			■	■	■		■	■
12	Abrasivität			■	■	■	■	■	■		■	■

Abbildung 9 Matrix mit den erforderlichen Kennwerten zur Baugrundbeschreibung für die jeweiligen ATV der VOB Teil C für „Fels"

6 Beschreibung von Homogenbereichen in der VOB/C

Hier sei nur nochmals daran erinnert, dass sich die Bandbreite der anzugebenden Boden- und Felsparameter an den realen im Labor oder im Feld ermittelten Werten orientieren muss. Diese können, müssen aber nicht mit den „charakteristischen" Werten übereinstimmen.

Unter gewissen Voraussetzungen, wenn der Baugrund schon durch mehrfache vorab durchgeführte Untersuchungen und ausgeführte Projekte ausreichend bekannt erscheint, können auch Erfahrungswerte angegeben werden.

Da es aber viele Bauvorhaben gibt, besonders im Bereich von Erdarbeiten, die man als „einfach" oder „untergeordnet" einstufen kann, hat man für die ATV DIN 18300 „Erdarbeiten" und die ATV DIN 18320 „Landschaftsbauarbeiten" eine vereinfachte Beschreibung des Baugrundes eingeführt. Dies auch vor dem Hintergrund, dass in solchen Fällen meist keinerlei Berechnungen und Bemessungen erforderlich sind.

Hierbei hat man sich an den Normen DIN 1054 und DIN 4020 orientiert, die Baumaßnahmen in sogenannte „geotechnische Kategorien" (GK) einteilen. In DIN 4020 heißt es unter Abschnitt 3.4:

Geotechnische Kategorien

Gruppen, in die bautechnische Maßnahmen nach dem Schwierigkeitsgrad der Konstruktion des Bauwerks, der Baugrundverhältnisse sowie der zwischen ihnen und der Umgebung bestehenden Wechselwirkungen folgendermaßen eingestuft werden:

- *die Geotechnische Kategorie 1 umfasst einfache Bauwerke bei einfachen und übersichtlichen Baugrundverhältnissen, sodass die Standsicherheit aufgrund gesicherter Erfahrungen beurteilt werden kann,*
- *die Geotechnische Kategorie 2 umfasst Bauwerke oder Baugrundverhältnisse mittleren Schwierigkeitsgrads, bei denen die Sicherheit zahlenmäßig nachgewiesen werden muss und die eine ingenieurmäßige Bearbeitung mit geotechnischen Kenntnissen und Erfahrungen verlangen,*
- *die Geotechnische Kategorie 3 umfasst Bauwerke oder Baugrundverhältnisse hohen Schwierigkeitsgrads, die zur Bearbeitung vertiefte geotechnische Kenntnisse und Erfahrungen auf dem jeweiligen Spezialgebiet der Geotechnik verlangen und bei denen die Sicherheit ebenfalls zahlenmäßig nachgewiesen werden muss.*

Eine Übersicht darüber, wie die Eingruppierung einer Baumaßnahme in die Geotechnische Kategorie 1 (GK 1) erfolgen sollte, wird im Anhang A der DIN 4020 vorgenommen.

6 Beschreibung von Homogenbereichen in der VOB/C

Die Geotechnische Kategorie 1 liegt vor:
a) *bei einfachen baulichen Anlagen wie:*
 – *setzungsunempfindlichen Bauwerken mit Stützenlasten bis 250 kN und Streifenlasten bis 100 kN/m,*
 – *Stützmauern und Baugrubenwänden von weniger als 2 m Höhe, wenn hinter den Wänden keine hohen Auflasten wirken; Dämmen unter Verkehrsflächen bis 3 m Höhe,*
 – *Gründungsplatten, die ohne Berechnung nach empirischen Regeln bemessen werden,*
 Gräben für Leitungen oder Rohre bis 2 m Tiefe, die nicht in das Grundwasser einschneiden;
b) *wenn der Baugrund in waagerechtem oder schwach geneigtem Gelände nach gesicherter örtlicher Erfahrung als tragfähig und setzungsarm bekannt und nicht schrumpf- oder schwellfähig ist und bei Fels nicht aus zur Auflösung oder zum Zerfall neigenden Gesteinsarten besteht;*
c) *wenn das Grundwasser unter der Aushubsohle liegt oder durch örtliche Bauerfahrung nachgewiesen ist, dass die vorgesehene Aushubtiefe unter den Grundwasserspiegel oder ein späterer Grundwasseranstieg ohne schädliche Auswirkungen bleibt;*
d) *wenn das Bauwerk gegen die örtlich anzusetzende Erdbebenbelastung unempfindlich ist;*
e) *wenn die Umgebung (Nachbargebäude, Verkehrswege, Leitungen usw.) durch das Bauwerk selbst oder durch die für seine Errichtung notwendigen Bauarbeiten nicht beeinträchtigt oder gefährdet werden kann. Wenn für die bauliche Anlage oder die Baudurchführung schädliche oder erschwerende äußere Einflüsse, wie z.B. benachbarte offene Gewässer, Böschungen, Auslaugungen, Erdfälle, nicht zu erwarten sind.*

Damit sind die Baumaßnahmen definiert, für die in den ATV DIN 18300 und ATV DIN 18320 eine „vereinfachte" Form der Beschreibung der Homogenbereiche möglich ist. Trifft ein Kriterium der Beschreibung für die geotechnische Kategorie GK 1 nicht zu, dann ist auch eine komplette Beschreibung der entsprechenden Homogenbereiche vorzunehmen (siehe Abbildungen 8 und 9).

In der ATV DIN 18320 gibt es keine vereinfachte Beschreibung für Arbeiten im Fels, da in dieser Norm nur die Arbeiten mit Oberboden (Mutterboden) geregelt werden (siehe Anwendungsbereich der ATV DIN 18320) und somit Arbeiten im Fels ausgeschlossen sind und automatisch in den Bereich der ATV DIN 18300 „Erdarbeiten" fallen.

7 Aufstellen des geotechnischen Berichtes unter Berücksichtigung von Homogenbereichen

Generell ist in der DIN 4020 beschrieben, welchen Inhalt ein Geotechnischer Bericht haben soll. Unter Abschnitt 10 der DIN 4020 heißt es:

> *Für Baugrunduntersuchungen einschließlich der Grundwasseruntersuchungen ist bei allen Geotechnischen Kategorien ein schriftlicher Bericht mit folgender Gliederung und Inhalt zu erstellen:*
>
> ***a) Berichtsabschnitt 1: Grundlagen***
> *Der Berichtsabschnitt 1 muss die geotechnische Aufgabenstellung mit Kurzbeschreibung der Objektangaben und die verwendeten Unterlagen benennen. Er muss eine vollständige Beschreibung der Felduntersuchungen, der Art und Durchführung der Feld- und Laborversuche sowie eine lückenlose Darstellung der Untersuchungsergebnisse enthalten.*
>
> ***b) Berichtsabschnitt 2: Auswertung und Bewertung der geotechnischen Untersuchungsergebnisse***
> *Der Berichtsabschnitt 2 stellt eine kritische Beurteilung der im Berichtsabschnitt 1 aufgeführten geotechnischen Untersuchungsergebnisse in Abstimmung auf die bauliche Anlage dar. Wenn Untersuchungsergebnisse nur in beschränktem oder unvollständigem Umfang vorliegen, muss darauf hingewiesen werden. Wurde der Untersuchungsaufwand reduziert, so ist dies zu begründen. Enthält der Berichtsabschnitt 1 Untersuchungsergebnisse, die nach Auffassung des Sachverständigen für Geotechnik in Bezug auf das Bauwerk unzureichend oder nicht aussagefähig sind, so muss im Bericht darauf hingewiesen und dieses Beurteilungsergebnis ausführlich und nachprüfbar begründet werden. Bei außergewöhnlichen Untersuchungsergebnissen muss geprüft werden, ob es sich um tatsächlich vorhandene Baugrundeigenschaften oder um Fehlermittlungen handelt.*
>
> *Falls erforderlich, sind begründete Vorschläge für ergänzende Untersuchungen zu unterbreiten. Hierzu zählen gegebenenfalls auch die Ermittlungen über Kontamination. Den Vorschlägen muss ein detailliertes Programm über Art und Umfang solcher Untersuchungen beigefügt werden.*

7 Aufstellen des geotechnischen Berichtes

> *c) Berichtsabschnitt 3: Folgerungen, Empfehlungen und Hinweise*
> *Im Berichtsabschnitt 3 muss zur Geotechnischen Kategorie des Bauwerks Stellung genommen werden, und es müssen Folgerungen, Empfehlungen und Hinweise für die geotechnische Entwurfsbearbeitung der baulichen Anlage erarbeitet und dargestellt werden. Es sind die charakteristischen Werte der Baugrundkenngrößen u. Grundwasserstände für maßgebliche Berechnungsmodelle einschließlich der Begründung für ihre Festlegung anzugeben. So weit erforderlich sind überschlägliche Sicherheitsnachweise und Abschätzungen von Setzungen und Setzungsunterschieden, bei Eingriffen in das Grundwasser auch grundwasserhydraulische Nachweise durchzuführen.*
>
> *Bei großen Bauvorhaben kann der Geotechnische Bericht aus Teilberichten bestehen.*
>
> *Auch für Geotechnische Kategorie 1 ist ein Geotechnischer Bericht (eventuell nur eine Seite) erforderlich.*
>
> *Häufige Inhaltsangaben für die einzelnen Berichtsabschnitte werden im Beiblatt 1 zu DIN 4020 aufgelistet. Zusätzliche Inhalte können erforderlich sein. Andererseits dürfen Teilinhalte entfallen, wenn einschlägige Leistungen nicht vorliegen oder kein Bezug auf die bauliche Anlage gegeben ist.*

Abbildung 10   Inhalt eines Geotechnischen Berichtes nach DIN 4020

Weitere Informationen findet man in der DIN EN 1997-1.

Im Hinblick auf die Einbeziehung der Beschreibung des Baugrundes mit Homogenbereichen, wie sie in den ATV der VOB/C gefordert werden, sind nun neue zusätzliche Anforderungen zu berücksichtigen.

Es sind selbstverständlich weiterhin alle Voraussetzungen für eine ordnungsgemäße normgerechte Baugrundbeschreibung einzuhalten.

Für eine optimale Beschreibung des Baugrundes mit Homogenbereichen nach der VOB/C wäre die Situation, dass vor Beginn der Untersuchungen sowohl im Feld wie auch im Labor die Bauverfahren, die später zur Ausführung gelangen, schon festgelegt werden könnten. Dann könnten sich die Untersuchungen konkret auf die in der jeweiligen ATV geforderten Kennwerte und die damit verbundene Anzahl von Homogenbereichen beschränken. Zum Zeitpunkt der Beauftragung des Geotechnischen Berichtes würden die einzusetzenden Bauverfahren schon bekannt sein.

7 Aufstellen des geotechnischen Berichtes

Dies dürfte aber eher die Ausnahme darstellen.

Im Gegenteil. Es ist oft der Fall, dass erst durch die geotechnischen Untersuchungen vor Ort und im Labor Erkenntnisse über den anstehenden Baugrund „gefunden" werden, die man vorab – auch bei bester Kenntnis der Örtlichkeiten – nicht erwartet hätte. Hieraus erwachsen dann erst die Überlegungen, mit welchen technischen Möglichkeiten die geforderte Bauaufgabe überhaupt umgesetzt werden kann.

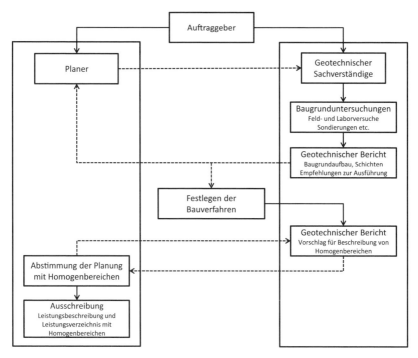

Abbildung 11 Planungskreislauf für die Erstellung eines Leistungsverzeichnisses mit Homogenbereichen [6]

Wenn eine Lösung gefunden wurde, die dann mit Techniken, die in der VOB Teil C in einer oder mehreren ATV erläutert sind, realisiert werden soll, ist der Baugrund für die gewählten Verfahren mittels der gewerkespezifischen Homogenbereiche für die Ausschreibung und Umsetzung zu beschreiben.

Hierdurch entsteht ein „Planungskreislauf" zwischen Auftraggeber, Planern, Geotechnischen Sachverständigen und gegebenenfalls auch ausführenden Unternehmen (Abbildung 11).

7 Aufstellen des geotechnischen Berichtes

Der Geotechnische Bericht wäre somit laufend anzupassen und mit den neuesten Erkenntnissen zu versehen [6].

Es könnte deshalb sinnvoller sein, im Rahmen der Beauftragung des Geotechnischen Berichtes, den Umfang und die Qualität der zu untersuchenden Parameter, aber auch der durchzuführenden Labor- und Feldversuche vorausschauend umfangreicher zu gestalten, um damit am Ende Kosten und Zeit einzusparen.

Das ersetzt den oben erwähnten „Planungskreislauf" zwar nicht, wird ihn aber erheblich schneller und effektiver gestalten. Die gewerkespezifische Beschreibung von Homogenbereichen kann somit in der Regel ohne große weitere Untersuchungen vorgenommen werden.

Dem Ziel eines Leistungsverzeichnisses mit der Beschreibung von Homogenbereichen kommt man somit viel fokussierter näher.

Für die Festlegung von Homogenbereichen bietet es sich an, die verschiedenen Baugrundschichten, die sich aus der Auswertung der vor Ort durchgeführten Sondierungen, Bohrungen etc. ergeben haben, als Grundlage heranzuziehen.

Eine Bodenschicht ist aber nicht immer automatisch auch ein Homogenbereich im Sinne der VOB Teil C. Es kann, muss aber nicht zwingend so sein.

Generell kann man festhalten, dass es gewerkespezifisch normalerweise nicht mehr Homogenbereiche geben kann als festgestellte Boden- oder Felsschichten.

Bei der Festlegung eines gewerkespezifischen Homogenbereiches besteht die Schwierigkeit darin, Bodenschichten für ein spezielles Gewerk so zusammenzufassen oder aber auch getrennt unterschiedlich zu definieren, dass der Grundsatz der VOB Teil C der „vergleichbaren Eigenschaften" gewährleistet wird.

Dies erfordert von den Geotechnischen Sachverständigen bzw. den Projektbeteiligten, die dies für eine Ausschreibung vornehmen sollen, umfassende gewerkespezifische Kenntnisse sowohl hinsichtlich der boden- und felsmechanischen Auswirkungen als auch der Ausführung in Technik und Geräten.

Sollte dies nicht gegeben sein, sind entsprechende fachkundige Sachverständige hinzuzuziehen.

7 Aufstellen des geotechnischen Berichtes

Beispiel für die ATV DIN 18300 "Erdarbeiten":

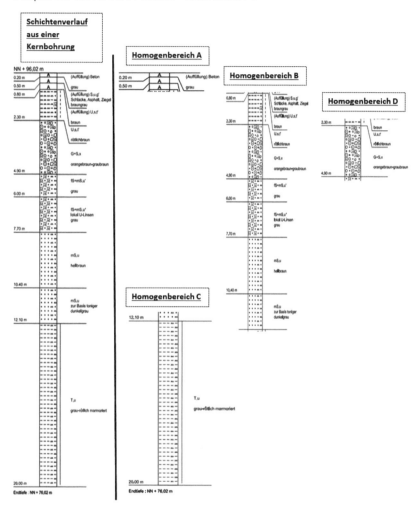

Abbildung 12 Mögliche Einteilung von Erdarbeiten in Homogenbereiche

Homogenbereich A

Da in Auffüllungen sehr oft umweltrelevante Stoffe vorhanden sind, macht es Sinn, hierfür einen eigenen Homogenbereich auszuweisen. Meist sind dies auch Materialien, die gesondert gelagert werden müssen, um diese

7 Aufstellen des geotechnischen Berichtes

einer entsprechenden Entsorgung zuzuführen. Genaueres ist dem Geotechnischen Bericht zu entnehmen.

Homogenbereich B
Unter der Voraussetzung, dass hier keine besonderen umweltrelevanten Inhaltsstoffe vorhanden sind, dürfte der Baugrund bestehend aus Kiesen, Sanden und Schluffen für einsetzbare Erdbaugeräte vergleichbare Eigenschaften darstellen – oder anders ausgedrückt – beinahe gleiche Erdbauleistungswerte ergeben.

Homogenbereich C
Hier handelt es sich um einen Ton. Unter der Annahme, dass es sich hierbei um einen stark überkonsolidierten Ton handelt, sind die Eigenschaften zum Homogenbereich B für Erdbauleistungen nicht mehr vergleichbar. Somit ist hier ein gesonderter Homogenbereich auszuweisen. Es werden auch zusätzliche Maßnahmen erforderlich, die für die Entsorgung des tonigen Materials notwendig sein werden, die für den Homogenbereich B in diesem Umfang entfallen können.

Homogenbereich D
Aus dem Anteil des Homogenbereiches B mit der entsprechenden Kiesschichtung könnte man auch noch einen gesonderten Homogenbereich festlegen. Dies wäre dann der Fall, wenn z.B. der Auftraggeber dieses Material gesondert gelagert haben möchte, um es später bei der Arbeitsraumverfüllung wieder einzusetzen. Der Geotechnische Bericht könnte hierzu entsprechende Hinweise enthalten.

Wie aus diesem Beispiel gut zu erkennen ist, ist die Vorgabe eines Homogenbereiches für ein Gewerk nicht statisch, sondern kann sehr gut an die projektspezifischen Erfordernisse angepasst werden. Besondere Behandlungen oder spezielle Vorgaben aus dem Geotechnischen Bericht bzw. den örtlichen Randbedingungen lassen sich sehr gut abbilden.

Wären z.B. die Erdarbeiten nur in den dargestellten Homogenbereichen A und B auszuführen und wären die Auffüllungen des Homogenbereiches A nicht gesondert aufgrund von umweltrelevanten Stoffen zu behandeln, könnte man auch hieraus nur einen einzigen Homogenbereich definieren.

Voraussetzung bleibt aber, dass für die einsetzbaren Erdbaugeräte vergleichbare Eigenschaften gegeben sind. Ein z.B. gesondertes Aussortieren oder Trennen wäre dann nicht in allen Bodenschichten erforderlich.

7 Aufstellen des geotechnischen Berichtes

Ein weiteres Beispiel stellt die mögliche Einteilung in Homogenbereiche für mehrere Gewerke dar:

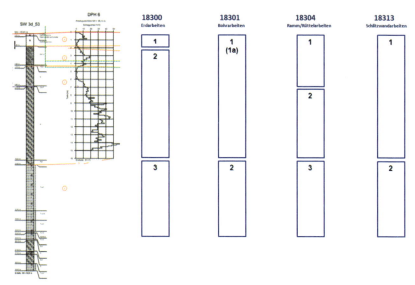

Abbildung 13 Mögliche Einteilung in Homogenbereiche bei mehreren Gewerken

ATV DIN 18300 „Erdarbeiten"
Hier könnte Ähnliches gelten, wie schon in Abbildung 12 dargestellt. Eine Auffüllung, die normalerweise umweltrelevant belastet ist und eine gesonderte erdbaumäßige Behandlung erfordert, wird einem eigenen Homogenbereich zugeordnet. Die darunterliegenden Schluffe, Sande und Kiese bilden den 2. Homogenbereich. Der 3. Homogenbereich ist für den anstehenden Ton vorgesehen.

ATV DIN 18301 „Bohrarbeiten"
Wenn keine besonderen Hindernisse im Auffüllbereich vorhanden sind und dieser nicht gesondert sortiert werden muss, könnte man in Verbindung mit den anstehenden Schluffen, Sanden und Kiesen nur einen Homogenbereich definieren. Sollten die Auffüllungen allerdings belastet sein und/oder Bohrhindernisse darstellen, wäre hierfür ein 2. Homogenbereich (1a) festzulegen. Der darunterliegende Ton bildet den nächsten Homogenbereich.

ATV DIN 18304 „Ramm-/Rüttelarbeiten"
Bei der Einteilung der Homogenbereiche für Ramm- und Rüttelarbeiten erfordert die beigefügte Rammsondierung eine besondere Berücksich-

7 Aufstellen des geotechnischen Berichtes

tigung. Dies ist auch ein Beispiel dafür, dass Bodenschichten nicht unbedingt ein Abgrenzungskriterium für Homogenbereiche sind. Hier entsteht die Abgrenzung allein durch die Erhöhung der Schlagzahlen. Die sehr starke Erhöhung der Lagerungsdichte des anstehenden Baugrundes erfordert für die Ramm- und Rüttelarbeiten zumindest zwei Homogenbereiche. Der 1. Homogenbereich wird begrenzt durch die maximale Schlagzahl von 20 in circa 9,00 m Tiefe, der 2. Homogenbereich wäre zwischen den Schlagzahlen 20 und 50 im Sand und Kies festzulegen, da für die Ausführung der dortigen Leistungen ein wesentlich höherer Aufwand erforderlich ist. Da der anstehende Baugrund für die Ramm- und Rüttelarbeiten aufgrund der sehr stark unterschiedlichen Lagerungsdichte den Grundsatz der VOB/C bei der Baugrundbeschreibung, nämlich „vergleichbare Eigenschaften", nicht im Ganzen darstellen kann, ist die Aufteilung in zwei Homogenbereiche erforderlich. Ob die Grenze hier bei 15, 20 oder 25 Schlägen liegt, ist Ermessenssache. Auf keinen Fall ist der Ansatz für nur einen Homogenbereich von 5 bis 50 Schlägen zulässig. Dies käme der früheren (auch schon nicht zulässigen) Ausschreibungspraxis bei Erdarbeiten nahe, wenn diese in den Bodenklassen 2 bis 7 die entsprechenden Leistungen beschreiben wollte.

Ein 3. Homogenbereich für die Ramm- und Rüttelarbeiten wäre der anstehende Ton, der nur mit Zusatzmaßnahmen entsprechend der ATV DIN 18304 zu bearbeiten wäre.

Eine Abrechnung erfolgt in solchen Fällen am besten tiefenabhängig.

Homogenbereich 1 bis 9,00 m unter GOF
Homogenbereich 2 von 9,00 m bis 15,00 m unter GOF
Homogenbereich 3 über 15,00 m unter GOF

Voraussetzung hierfür sind allerdings ausreichende und aussagkräftige Unterlagen aus dem Geotechnischen Bericht.

ATV DIN 18313 „Schlitzwandarbeiten"
In diesem Beispiel könnte die Einteilung der Homogenbereiche für Schlitzwandarbeiten derjenigen für Bohrarbeiten gleich oder ähnlich sein. Auf jeden Fall muss der anstehende Tonhorizont, der besonders bei einer hohen Steifigkeit keine „vergleichbaren Eigenschaften für Schlitzarbeiten" mit den darüberliegenden Schluffen, Sanden und Kiesen mehr aufweisen kann, als eigenständiger Homogenbereich festgeschrieben werden.

8 Ausschreibungen mit Homogenbereichen

In der VOB Teil A „Allgemeine Bestimmungen für die Vergabe von Bauleistungen" findet man im Abschnitt 1 der Basisparagrafen unter § 7 Folgendes:

§ 7 Leistungsbeschreibung

1. Die Leistung ist eindeutig und so erschöpfend zu beschreiben, dass alle Unternehmen die Beschreibung im gleichen Sinne verstehen müssen und ihre Preise sicher und ohne umfangreiche Vorarbeiten berechnen können.

[...]

6. Die für die Ausführung der Leistung wesentlichen Verhältnisse der Baustelle, z.B. Boden- und Wasserverhältnisse, sind so zu beschreiben, dass das Unternehmen ihre Auswirkungen auf die bauliche Anlage und die Bauausführung hinreichend beurteilen kann.

7. Die „Hinweise für das Aufstellen der Leistungsbeschreibung" in Abschnitt 0 der Allgemeinen Technischen Vertragsbedingungen für Bauleistungen, DIN 18299 ff., sind zu beachten.

Um diese Forderungen der VOB/A für eine „eindeutige und erschöpfende" Beschreibung von Bauleistungen zu erfüllen, sind nun die Baugrundverhältnisse zur „Beurteilung" der Bauausführung mittels gewerkespezifischer Homogenbereiche anzugeben.

An dem Grundsatz der Vorgabe einer eindeutigen Leistungs- bzw. Baugrundbeschreibung hat sich also auch mit der Einführung der Homogenbereiche nichts geändert. Diese Forderung hat es auch schon zu Zeiten der Bodenklassen gegeben.

Lediglich die Art und Weise, wie Boden und Fels zu beschreiben sind, hat sich geändert.

Die Beschreibung der auszuführenden Leistungen ist nun gewerkespezifisch vorzunehmen.

Die Beschreibungsmerkmale sind boden- und felsmechanische Kennwerte und Beschreibungen, die in verschiedenen Normen sowohl hinsichtlich der Ermittlung als auch der Bezeichnungen hinterlegt sind (siehe Abbildungen 6 und 7).

8 Ausschreibungen mit Homogenbereichen

Beispiel für die Ausführung von Erdarbeiten (GK 2)

Entsprechend der ATV DIN 18300 sind folgende Kennwerte und Angaben für die gewerkespezifische Bodenbeschreibung erforderlich:

- Ortsübliche Bezeichnung
- Korngrößenverteilung
- Masseanteil an Steinen (D > 63 bis 200 mm), Blöcken (D > 200 bis 630 mm) und großen Blöcken (D > 630 mm)
- Dichte
- Undrainierte Scherfestigkeit
- Wassergehalt
- Plastizitätszahl
- Konsistenzzahl
- Lagerungsdichte
- Organischer Anteil
- Bodengruppe

Für einen überkonsolidierten Ton könnte die gewerkespezifische Beschreibung des Homogenbereiches wie folgt aussehen:

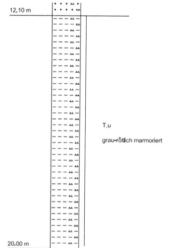

Geforderte Eigenschaften und Beschreibungen nach ATV DIN 18300	Projektbezogene bodenspezifische Angaben
Ortsübliche Bezeichnung	Frankfurter Ton
Korngrößenverteilung	
Masseanteil an Steinen/Blöcken	Keine
Dichte	19-20 KN/m³
Undrainierte Scherfestigkeit	c_u = 90 – 120 N/mm²
Wassergehalt	20 - 45 %
Plastizität	20 - 40 %
Konsistenzzahl	0,4 – 1,1
Lagerungsdichte	-
Organischer Anteil	-
Bodengruppe	TA (TM)

Abbildung 14 Beschreibung eines Homogenbereiches nach ATV DIN 18300 für Boden

8 Ausschreibungen mit Homogenbereichen

Die Bezeichnung eines Homogenbereiches mit Zahlen, Buchstaben oder Kombinationen daraus ist dem Ersteller der Beschreibung der Homogenbereiche freigestellt. Hier wird sich in Zukunft in der Praxis eine Vielzahl von Möglichkeiten ergeben.

Wichtig hierbei muss allerdings bleiben, dass immer eindeutig zuzuordnende gewerkespezifische Bezeichnungen erfolgen müssen.

In Abbildung 13 wurden z.b. für Erdarbeiten nach ATV DIN 18300 die Homogenbereiche 1, 2 und 3 festgelegt. Diese wiederum haben mit der Homogenbereichsbezeichnung für Ramm- und Rüttelarbeiten nach ATV DIN 18304 nichts zu tun.

Entweder man bezeichnet die Homogenbereiche 1, 2, 3, ... immer im Zusammenhang mit dem zugehörigen Gewerk und einer tiefenmäßigen Lagebeschreibung oder Skizze oder aber man bezeichnet alle boden- und felsmechanischen Schichten, darin enthaltene umweltrelevante Bereiche oder aber auch gewerkspezifische Besonderheiten (z.B. eine hohe Lagerungsdichte für Ramm- und Rüttelarbeiten), in einer einheitlichen Weise. Dies bedeutet dann aber, dass gewerkspezifische Homogenbereiche aus einer Kombination von Bezeichnungen der projektbezogenen generellen Homogenbereiche bestehen.

Ob eine gewerkspezifische Baugrundbeschreibung mit eindeutig gewerkebezogenen Homogenbereichen einer Beschreibung mit generellen Homogenbereichen vorzuziehen ist, hängt von den jeweiligen Gegebenheiten und Vorgaben ab.

Für beide Möglichkeiten gilt aber immer, dass die Beschreibung gewerkeorientiert erfolgen muss und nur solche Schichten oder Bereiche zusammengefasst werden können, die gewerkspezifisch vergleichbare Eigenschaften aufweisen.

Die Bildung z.B. eines einzigen Homogenbereiches entsprechend der Abbildung 16 aus den Bereichen 1, 2, 3 und 4 für eines der genannten Gewerke oder gar für alle Gewerke ist selbstverständlich nicht zulässig, da in dieser Kombination für kein Gewerk auch nur annähernd vergleichbare Eigenschaften vorliegen.

8 Ausschreibungen mit Homogenbereichen

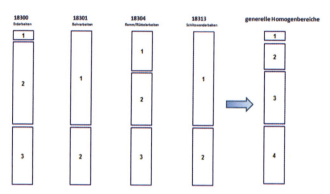

Abbildung 15 Gewerkespezifische Baugrundbeschreibung mit gewerkebezogenen Homogenbereichen

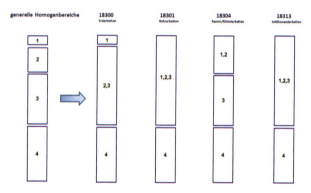

Abbildung 16 Gewerkespezifische Baugrundbeschreibung mit generellen Homogenbereichen

8 Ausschreibungen mit Homogenbereichen

Für eine Ausschreibung z.b. von Erdarbeiten nach dem Beispiel der Abbildung 15 könnte die Beschreibung der Homogenbereiche gewerkespezifisch wie folgt dargestellt werden:

Beschreibung von Homogenbereichen für Erdarbeiten nach ATV DIN 18300

Kennwerte und Eigenschaften zur Beschreibung des Zustandes von Boden vor dem Lösen für Erdarbeiten

		Einheit	Boden 1	Boden 2	Boden 3
Homogenbereich			1	2	3
Ortsübliche Bezeichnung		–	Auffüllung	–	Frankfurter Ton
Korngrößenverteilung	≤ 0,06 mm	%	< 15	< 20	90 – 95
	> 0,06 – 2,0 mm	%	10 – 40	10 – 50	5–10
	> 2,0 – 63 mm	%	30 – 70	40 – 80	–
Masseanteil an Steinen/Blöcken	> 63 – 200 mm	%	10 – 30	< 5	–
	> 200 – 630 mm	%	5 – 10	<1	–
	> 630 mm	%	<1	<1	–
Dichte		g/cm³	1,9 – 2,1	1,8 – 2,1	1,8 – 2,0
Undrainierte Scherfestigkeit		kN/m²	–	–	90 –120
Wassergehalt		%	10 – 20	5 – 15	20 – 45
Plastizitätszahl		%	–	–	20 – 40
Konsistenzzahl		–	–	–	0,4 – 1,1
Lagerungsdichte		%	25 – 50	30 – 80	–
Organischer Anteil		%	< 2	< 2	< 2
Bodengruppe		–	–	SU/GW	TA(TM)

Abbildung 17 Beschreibung von Homogenbereichen für Erdarbeiten nach ATV DIN 18300
* Statt der Angabe der einzelnen Korngrößen ist die Darstellung eines Kornverteilungsbandes vorzuziehen.

8 Ausschreibungen mit Homogenbereichen

Für Bohrarbeiten nach dem Beispiel der Abbildung 15 könnte die Beschreibung der Homogenbereiche gewerkespezifisch wie folgt dargestellt werden:

Beschreibung von Homogenbereichen für Bohrarbeiten nach ATV DIN 18301

Kennwerte und Eigenschaften zur Beschreibung des Zustandes von Boden vor dem Lösen für Bohrarbeiten

Homogenbereich		Einheit	Boden 1	Boden 2
Ortsübliche Bezeichnung		–	–	Frankfurter Ton
Korngrößenverteilung	≤ 0,06 mm	%	< 20	90 – 95
	> 0,06 – 2,0 mm	%	10 – 50	5–10
	> 2,0 – 63 mm	%	40 – 80	–
Masseanteil an Steinen/Blöcken	> 63 – 200 mm	%	< 5	–
	> 200 – 630 mm	%	<1	–
	> 630 mm	%	<1	–
Kohäsion		kN/m²	0–10	20 – 40
Undrainierte Scherfestigkeit		kN/m²	–	90 –120
Wassergehalt		%	5 – 15	20 – 45
Plastizitätszahl		%	–	20 – 40
Konsistenzzahl		–	–	0,4 – 1,1
Lagerungsdichte		%	25 – 80	–
Abrasivität		–	schwach	schwach
Bodengruppe		–	SU/GW	TA(TM)

Abbildung 18   Beschreibung von Homogenbereichen für Bohrarbeiten nach ATV DIN 18301

8 Ausschreibungen mit Homogenbereichen

Für Ramm- und Rüttelarbeiten nach dem Beispiel der Abbildung 15 könnte die Beschreibung der Homogenbereiche gewerkespezifisch wie folgt dargestellt werden:

Beschreibung von Homogenbereichen für Ramm-/Rüttelarbeiten nach ATV DIN 18304

Kennwerte und Eigenschaften zur Beschreibung des Zustandes von Boden vor dem Einrütteln/Rammen

		Einheit	Boden 1	Boden 2	Boden 3
Homogenbereich			1	2	3
Ortsübliche Bezeichnung		–	–	–	Frankfurter Ton
Korngrößenverteilung	≤ 0,06 mm	%	< 15	< 20	90 – 95
	> 0,06 – 2,0 mm	%	10 – 40	10 – 50	5–10
	> 2,0 – 63 mm	%	30 – 70	40 – 80	–
Masseanteil an Steinen/Blöcken	> 63 – 200 mm	%	5 – 30	< 5	–
	> 200 – 630 mm	%	1 – 10	<1	–
	> 630 mm	%	<1	<1	–
Wassergehalt		%	5 – 20	5 – 15	20 – 45
Plastizitätszahl		%	–	–	20 – 40
Konsistenzzahl		–	–	–	0,4 – 1,1
Lagerungsdichte		%	25 – 50	30 – 80	–
Organischer Anteil		%	< 2	< 2	< 2
Bodengruppe		–	SU/GW	SU/GW	TA(TM)

Abbildung 19 Beschreibung von Homogenbereichen für Ramm-/Rüttelarbeiten nach ATV DIN 18304

8 Ausschreibungen mit Homogenbereichen

Für Schlitzwandarbeiten nach dem Beispiel der Abbildung 15 könnte die Beschreibung der Homogenbereiche gewerkespezifisch wie folgt dargestellt werden:

Beschreibung von Homogenbereichen für Bohrarbeiten nach ATV DIN 18313

Kennwerte und Eigenschaften zur Beschreibung des Zustandes von Boden vor dem Lösen für Schlitzwandarbeiten

		Einheit	Boden 1	Boden 2
Homogenbereich			1	2
Ortsübliche Bezeichnung		–	–	Frankfurter Ton
Korngrößenverteilung	≤ 0,06 mm	%	< 20	90 – 95
	> 0,06 – 2,0 mm	%	10 – 50	5–10
	> 2,0 – 63 mm	%	40 – 80	–
Masseanteil an Steinen/Blöcken	> 63 – 200 mm	%	< 5	–
	> 200 – 630 mm	%	<1	–
	> 630 mm	%	<1	–
Dichte		g/cm³	1,8 – 2,1	1,8 – 2,0
Undrainierte Scherfestigkeit		kN/m²	–	90 –120
Wassergehalt		%	5 – 15	20 – 45
Plastizitätszahl		%	–	20 – 40
Konsistenzzahl		–	–	0,4 – 1,1
Lagerungsdichte		%	25 – 80	–
Kalkgehalt		%	< 5	20 – 40
Organischer Anteil		%	< 2	< 2
Bodengruppe		–	SU/GW	TA(TM)

Abbildung 20 Beschreibung von Homogenbereichen für Schlitzwandarbeiten nach ATV DIN 18313

9 Leistungsverzeichnisse mit Homogenbereichen

Zur weiteren Umsetzung der gewerkespezifischen Baugrundbeschreibung nach VOB/C gehört nun noch deren Einbeziehung in ein Leistungsverzeichnis mit entsprechender Positionsbeschreibung.

Prinzipiell ergeben sich zwei Varianten.

Variante 1

Entsprechend Abbildung 15 wird gewerkebezogen jeder Homogenbereich in einer Position beschrieben. Hier besteht die Möglichkeit, die gewerkespezifischen Kennwerte und Eigenschaften direkt in der Position zu benennen oder aber z.B. auf die Baubeschreibung hinzuweisen, in der die Homogenbereiche gewerkebezogen getrennt nach den entsprechenden ATV-Normen der VOB/C mit deren Kennwerten und Eigenschaften beschrieben sind.

Im Standardleistungsbuch Bau (STLB) werden Leistungen, denen zur Beschreibung des Baugrundes Homogenbereiche nach der VOB/C zugeordnet werden müssen, generell gewerkebezogen mit dem dazugehörenden Homogenbereich in einer Position mit allen Kennwerten und Eigenschaften angegeben.

9 Leistungsverzeichnisse mit Homogenbereichen

Für Erdarbeiten der Kategorie GK 2 wird aus Abbildung 15 der Homogenbereich 2 wie folgt im STLB dargestellt:

STLB-Bau 2016-06
Leistungsposition für Erdarbeiten (ATV DIN 18300) im Homogenbereich 2
Boden für Baugrube,
profilgerecht lösen, seitlich lagern,
Verbau wird gesondert vergütet,
Aushubtiefe bis 8 m,
Homogenbereich 2, mit 2 Bodengruppen, Bodengruppe 1 SU DIN 18196 (Sand-Schluff-Gemisch), Bodengruppe 2 GW DIN 18196 (weitgestuftes Kies-Sand-Gemisch), Tiefe oberer Horizont des Homogenbereiches von 2 m,
Tiefe unterer Horizont des Homogenbereiches bis 9 m,
geschätzter Anteil des Homogenbereiches an der Gesamtaushubmenge ‚70' %,
Baumaßnahme der **Geotechnischen Kategorie 2** DIN 4020,
Kornverteilungsbereich DIN 18123:
– Massenanteile Ton unterer Wert   ‚0' %,
– Massenanteile Ton oberer Wert   ‚10' %,
– Massenanteile Schluff unterer Wert ‚5' %,
– Massenanteile Schluff oberer Wert ‚15' %,
– Massenanteile Sand unterer Wert   ‚60' %,
– Massenanteile Sand oberer Wert   ‚70' %,
– Massenanteile Kies unterer Wert   ‚35' %,
– Massenanteile Kies oberer Wert   ‚5' %,
– Anteil Steine (Co) bis 5 % Massenanteil DIN EN ISO 14688-1,
– Bodendichte DIN EN ISO 17892-2 oder DIN 18125-2 über 1800 bis 2000 kg/m³,
– Wassergehalt über 10 bis 20 %,
– Lagerungsdichte mitteldicht bis dicht,
– Organischer Masseanteil DIN 18128 bis 3 %,
Mengenermittlung nach Aufmaß an der Entnahmestelle

Abrechnungseinheit: m³

Abbildung 21 Positionsbeschreibung für Erdbauarbeiten GK 2 mit Angabe eines gewerkespezifischen Homogenbereiches

9 Leistungsverzeichnisse mit Homogenbereichen

Falls Erdarbeiten im Homogenbereich 1 aus Abbildung 15 im Rahmen der Kategorie GK 1 erforderlich werden, wird folgender Positionstext im STLB erstellt:

STLB-Bau 2016-06

Leistungsposition für Erdarbeiten (ATV DIN 18300) im Homogenbereich 1

Boden für Streifenfundament, ab Geländeoberfläche,
profilgerecht lösen, seitlich lagern,
Aushubtiefe bis 1 m,
Homogenbereich 1, mit 1 Bodengruppe, Bodengruppe SU DIN 18196
(Sand-Schluff-Gemisch), Tiefe oberer Horizont des Homogenbereiches von 0 m, Tiefe unterer Horizont des Homogenbereiches bis 3 m,
Baumaßnahme der **Geotechnischen Kategorie 1** DIN 4020,
- Anteil Steine (Co)   über 20 bis 25 % Massenanteil
                            DIN EN ISO 14688-1,
- Anteil Blöcke (Bo)   über 5 bis 10 % Massenanteil
                            DIN EN ISO 14688-1,
- Anteil große Blöcke (LBo) bis 5 % Massenanteil DIN EN ISO 14688-1,
- Lagerungsdichte mitteldicht,
Mengenermittlung nach Aufmaß an der Entnahmestelle.

Abrechnungseinheit: m³

Abbildung 22 Positionsbeschreibung für Erdbauarbeiten GK 1 mit Angabe eines gewerkespezifischen Homogenbereiches

Einen anderen Weg verfolgt der Standardleistungskatalog (STLK) im Leistungsbereich 806 Erdbau. Hier wird grundsätzlich für die Beschreibung von Homogenbereichen lediglich ein Verweis in der Leistungsposition auf die Baubeschreibung gegeben. Denn dort sollen die jeweiligen Homogenbereiche gewerkespezifisch zusammenfassend beschrieben werden.

9 Leistungsverzeichnisse mit Homogenbereichen

Eine Position für den Homogenbereich 2 aus Abbildung 15 lautet dann z.B. wie folgt:

> **STLK Dezember 2015**
> **Leistungsposition für Erdarbeiten (ATV DIN 18300) im Homogenbereich 2**
> Boden bzw. Fels lösen und einbauen
> Boden bzw. Feld aus Abtragsbereichen profilgerecht lösen und in den Auftragsbereichen profilgerecht einbauen und verdichten einschließlich ggf. erforderlicher Wasserzugabe.
> **Beschreibung der Homogenbereiche nach Unterlagen des AG.**
> Die Herstellung von Mulden und Gräben wird gesondert vergütet.
> **Homogenbereich 2**
> Einbaustelle ...

Abbildung 23 Positionsbeschreibung für Erdbauarbeiten mit Angabe eines gewerkespezifischen Homogenbereiches unter Verweis auf die Baubeschreibung

Welche der vorgenannten Möglichkeiten man wählt, ist in der VOB nicht eindeutig vorgegeben.

Die direkte Beschreibung eines gewerkespezifischen Homogenbereiches mit allen Kennwerten und Eigenschaften in einer Position hat den Vorteil, dass eine klare, eindeutige Zuordnung der beschriebenen Leistung zum Baugrund gegeben ist.

Als nachteilig könnte die längere textliche Beschreibung angesehen werden, die dann bei jedem weiteren Homogenbereich entsprechend angepasst teilweise wiederholt dargestellt werden muss.

Variante 2

In Variante 2 werden generelle Beschreibungen von Homogenbereichen vorausgesetzt, so wie diese in Abbildung 16 dargestellt sind.

Diese Variante kann und soll so nicht nach STLB-Bau umgesetzt werden.

Bei Anwendung des STLK besteht allerdings die Möglichkeit, in der Leistungsposition mit generellen Homogenbereichen zu arbeiten.

9 Leistungsverzeichnisse mit Homogenbereichen

Für die Homogengruppen 2 und 3 nach Abbildung 16 für Erdarbeiten nach ATV DIN 18300 könnte der Text nach STLK wie folgt lauten:

> **STLK Dezember 2015**
>
> **Leistungsposition für Erdarbeiten (ATV DIN 18300) im generellen Homogenbereich 2 und 3**
>
> Boden bzw. Fels lösen und einbauen
>
> Boden bzw. Feld aus Abtragsbereichen profilgerecht lösen und in den Auftragsbereichen profilgerecht einbauen und verdichten einschließlich ggf. erforderlicher Wasserzugabe. **Beschreibung der Homogenbereiche nach Unterlagen des AG.** Die Herstellung von Mulden und Gräben wird gesondert vergütet.
>
> **Homogenbereich 2 und 3**
>
> Einbaustelle ...

Abbildung 24 Positionsbeschreibung für Erdbauarbeiten mit einem generellen Homogenbereich unter Verweis auf die Baubeschreibung

Abschließend ist nur festzuhalten, dass immer eine eindeutige Beschreibung des Baugrundes gewerkespezifisch erfolgen muss, sodass der Bieter in die Lage versetzt wird, die besonderen Kriterien für das vorgesehene Bauverfahren richtig einzuschätzen und somit den angemessenen Preis für sein Angebot ermitteln zu können. Beachtlich ist in diesem Zusammenhang auch noch, dass ein beauftragter Einbau inklusive Verdichten ein Material voraussetzt, das dafür auch geeignet sein muss. Dies ist im Zuge der Festlegung der Homogenbereiche zu beachten (vgl. dazu STLK Leistungsbereich 806, Pos. 202, 209, Fassung Dezember 2015).

Wie dies geschieht, ist den Ausschreibenden freigestellt.

9 Leistungsverzeichnisse mit Homogenbereichen

Im Folgenden zwei Beispiele, wie Leistungspositionen mit Homogenbereichen **NICHT** umgesetzt werden sollten:

> **Beispiel 1**
> Stahlbetonschlitzwand entsprechend statischen und konstruktiven Erfordernissen nach Ausführungsplanung des AN herstellen, in einzelnen Lamellen, einschließlich Fugenausbildung.
> Bewehrung und erforderliche Verankerung werden gesondert vergütet.
> Abgerechnet wird nach Raummaß
> ....
> Bauteil = Baugrubenwand.
> Wanddicke = 1,50m.
> Wandhöhe = über 25,00 bis 30,00m
> Material = Stahlbeton, Druckfestigkeitsklasse C 30/37, Expositionsklasse XF1, XC2 ...
> **Homogenbereiche gemäß Baugrundgutachten.**
> ....

Abbildung 25 Kein Beispiel für eine Positionsbeschreibung mit Homogenbereichen

Der Text im Leistungsverzeichnis erscheint auf den ersten Blick zunächst die Möglichkeit abzubilden, Homogenbereiche im Baugrundgutachten oder der Baubeschreibung gewerkespezifisch anzugeben. Da die Position die Wandhöhe der Schlitzwand zwischen 25 und 30 m Tiefe beschreibt und in einer Position der Baugrund nur mit vergleichbaren Eigenschaften für das Lösen im Schlitzverfahren nach VOB/C beschrieben werden darf, ist davon auszugehen, dass es sich somit auch nur um einen einheitlichen Boden mit einer bestimmten Bandbreite handeln kann.

9 Leistungsverzeichnisse mit Homogenbereichen

Im Bodengutachten kann man aber nur die folgende Tabelle für die Beurteilung des Homogenbereiches finden:

Für erdstatische Berechnungen können die in der folgenden Tabelle 7.2 angegebenen Bodenkennwerte für die Schicht- bzw. **Homogenbereiche** berücksichtigt werden.

Tabelle 7.2 Bodenkennwerte
 charakteristische Werte nach DIN 1054:2005-01)

Bodenschichten	Wichten		Kohäsion		Reibungswinkel	Steifeziffer	
	feucht	Auftrieb					
	γ	γ'	c'	c_u	φ'	E_s	E_{sw}
	kN/m³	kN/m³	kN/m²	kN/m²	Grad	MN/m²	MN/m²
Auffüllung A	17 – 19	10 – 12	–	–	27,5 – 30	–	–
Schicht O	14	4	0	10	15	0,5 – 1	
Schicht O (Dieselstr.)	16	6		15		5 – 10	3 × E_0
Schicht So	17	9	0	0	30	10 t	
Sande – Kiese							3 × E_s
S1 locker	17,5	9,5	0	0	32,5	15 t	
S2 mitteldicht	18	10	0	0	34	20 t	
S3 dicht	19	11	0	0	37,5	40 t	
Schicht Mg mindestens steif	22	12	20	200	28	5 t	4 × E_s
Schicht Mg(S)	18	10	0	0	32,5	20 t	3 × E_s

Abbildung 26 Kein Beispiel für eine Homogenbereichsbeschreibung

Hieraus ist nun zu erkennen, dass der Baugrund alles andere als für Schlitzarbeiten über die gesamte Tiefe von 25 bis 30 m als homogen (vergleichbare Eigenschaften) zu bezeichnen ist. Weiterhin wurden charakteristische Kennwerte nach DIN 1054 für die Beschreibung eines Homogenbereiches nach VOB/C angegeben und nicht eine Bandbreite der realistisch vorgefundenen Eigenschaften. Ebenfalls fehlen die weiteren Kennwerte und Beschreibungen, wie sie die ATV DIN 18313 verlangt.

9 Leistungsverzeichnisse mit Homogenbereichen

Beispiel 2

Im zweiten Beispiel wird für Bohrarbeiten nach ATV DIN 18301 folgende Beschreibung des Baugrundes in **einen** Homogenbereich zusammengefasst:

Eigenschaften/Kennwerte der Homogenbereiche für Bohrarbeiten nach DIN 18301 (2015) – Fels

Eigenschaft / Kennwert	Homogenbereich Bohrarbeiten
Ortsübliche Bezeichnung [-]	Miozäner Kalkstein, Dolomitstein, Algenkalk
Benennung nach DIN EN ISO 14689-1 [-]	Kalkstein, Dolomite
Verwitterung [-]	unverwittert – stark verwittert
Druckfestigkeit [MN/m²]	5–400
Trennflächenrichtung nach DIN EN ISO 14689-1 [-]	meist Nord-Süd bzw. Ost-West
Trennflächenabstand nach DIN EN ISO 14689-1 [cm]	meist 50–300
Gesteinskörperform nach DIN EN ISO 14689-1 [-]	meist quaderförmig
Abrasivität	schwach abrasiv - sehr abrasiv
LAGA Klasse	> Z 2 möglich

Abbildung 27 Kein Beispiel für einen Homogenbereich im Fels

Felsbohrarbeiten mit einer Bandbreite von 5 bis 400 MN/m² lediglich in einen Homogenbereich zusammenfassen zu wollen, wird den Vorgaben der VOB/C für die Beschreibung von Homogenbereichen in keinerlei Hinsicht gerecht. Die Spanne ist viel zu groß, um von vergleichbaren Eigenschaften sprechen zu können. Weiterhin sind nach ATV DIN 18301 besondere Maßnahmen bei Festigkeiten über 120 MN/m² gesondert in Positionen auszuschreiben.

Dies gilt ebenso für die Beschreibung der Abrasivität. „Schwach abrasiv – sehr abrasiv" bedeutet eine derartig große Spanne an Verschleißkosten, sodass dies unmöglich präzise kalkulierbar ist.

Es müssten also wesentlich mehr Homogenbereiche definiert werden, wenn überhaupt solche Festigkeitsspannen vorhanden sein sollten. Es ist dann weiter zu beachten, dass zu jedem dieser Homogenbereiche auch entsprechende Massen zugeordnet werden müssen.

Exkurs 1: Darstellung eines Kornverteilungsbandes

Nach Abbildung 8 wird für jedes Gewerk die Beschreibung der Kornverteilung des anstehenden Baugrundes verlangt.

Dies geschieht am besten, wenn ein entsprechendes Kornverteilungsband einem gewerkespezifischen Homogenbereich zugeordnet werden kann. Der Bezug auf eine grafische Darstellung im Baugrundgutachten oder in der Baubeschreibung ist am anschaulichsten.

Es gibt aber auch die Möglichkeit, mit Hilfe der Kornkennzahl textlich eine Kornverteilungskurve bzw. mit Angabe eines oberen und unteren Wertes ein Kornverteilungsband zu beschreiben.

Hierbei werden die untere wie auch die obere Begrenzungslinie jeweils durch eine Kornverteilungskurve beschrieben.

Zur digitalen Darstellung eignet sich am besten die Kornkennzahl (T/U/S/G nach DIN 4022-1).

T beschreibt den Bereich < 0,002 mm in Gew.%
U beschreibt den Bereich > 0,002 mm bis 0,063 mm in Gew.%
S beschreibt den Bereich > 0,063 mm bis 2,00 mm in Gew.%
G beschreibt den Bereich > 2,00 mm in Gew.%

Im dargestellten Beispiel lautet die Kornkennzahl
für die obere Körnungslinie: 15/35/40/10
für die untere Körnungslinie: 10/20/35/35

9 Leistungsverzeichnisse mit Homogenbereichen

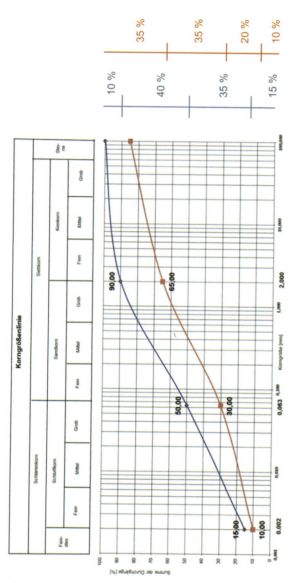

Abbildung 28 Beispiel für ein Kornverteilungsband

Diese Art der Darstellung wird bei der Nutzung des STLB verwendet.

9 Leistungsverzeichnisse mit Homogenbereichen

Exkurs 2: Erläuterungen zu Kennwerten und Eigenschaften für die Beschreibung von Homogenbereichen in den ATV der VOB/C

In den Abbildungen 6 und 7 sind tabellarisch alle benötigten Kennwerte und Eigenschaften für die ordnungsgemäße gewerkespezifische Beschreibung des anstehenden Baugrundes in Boden und Fels angegeben.

Nr	Eigenschaften/Kennwerte für BODEN	Norm
1	ortsübliche Bezeichnung	
2	Korngrößenverteilung	DIN 18123
3a	Masseanteil an Steinen > 63-200 mm	DIN EN ISO 14688-1
3b	Masseanteil an Steinen > 200-630 mm	DIN EN ISO 14688-1
3c	Masseanteil an Steinen > 630 mm	DIN EN ISO 14688-1
4	Mineralogische Zusammensetzung der Steine und Blöcke	DIN EN ISO 14689-1
5	Dichte	DIN EN ISO 17892-2 und DIN 18125-2
6	Kohäsion	DIN 18137 Teil 1 bis 3
7	undrainierte Scherfestigkeit	DIN 4094-4 od. DIN 18136 od. DIN 18137-2
8	Sensitivität	DIN 4094-4
9	Wassergehalt	DIN EN ISO 17892-1
10a	Plastizität	DIN EN ISO 14688-1 (5.8)
10b	Plastizitätszahl	DIN 18122-1
11a	Konsistenz	DIN EN ISO 14688-1 (5.14)
11b	Konsistenzzahl	DIN 18122-1
12	Durchlässigkeit	DIN 18130
13	Lagerungsdichte	Definition nach DIN EN ISO 14688-2, Bestimmung nach DIN 18126
14	Kalkgehalt	DIN 18129
15	Sulfatgehalt	DIN EN 1997-2
16	Organischer Anteil	DIN 18128
17	Benennung und Beschreibung organischer Böden	DIN EN ISO 14688-1
18	Abrasivität	NF P18-579
19	Bodengruppe	DIN 18196/DIN18915

9 Leistungsverzeichnisse mit Homogenbereichen

Nr	Eigenschaften/Kennwerte für FELS	Norm
1	ortsübliche Bezeichnung	
2	Benennung von Fels	DIN EN ISO 14689-1
3	Dichte	DIN EN ISO 17892-2 oder DIN 18125-2
4	Verwitterung und Veränderungen, Veränderlichkeit	DIN EN ISO 14689-1
5	Kalkgehalt	DIN 18129
6	Sulfatgehalt	DIN EN 1997-2
7	Druckfestigkeit	DGGT Empfehlung Nr. 1
8	Spaltzugfestigkeit	DGGT Empfehlung Nr. 10
9a	Trennflächenrichtung	DIN EN ISO 14689-1
9b	Trennflächenabstand	DIN EN ISO 14689-1
9c	Gesteinskörperform	DIN EN ISO 14689-1
10a	Öffnungsweite von Trennflächen	DIN EN ISO 14689-1
10b	Kluftfüllung von Trennflächen	DIN EN ISO 14689-1
11	Gebirgsdurchlässigkeit	DIN EN ISO 14689-1
12	Abrasivität	NF P94-430-1

Abbildung 29 Beschreibungsmerkmale von Homogenbereichen in der VOB/C

Im Folgenden werden diese in Verbindung mit den angegebenen Normen kurz vorgestellt:

Boden

1. Ortsübliche Bezeichnung
   Die Benennung von Böden mit ihrer ortsüblichen Bezeichnung ist für die Beschreibung ihrer Eigenschaften sehr hilfreich. Sowohl Auftraggeber wie Auftragnehmer wissen aus Erfahrung, wie diese üblicherweise entsprechend den geforderten Leistungen zu behandeln sind und wissen somit, wie mit den daraus resultierenden vergleichbaren Eigenschaften umzugehen ist.

   Beispiele:
   „Frankfurter Ton"
   „Flinz" (Schichten der Oberen Süßwassermolasse in Oberbayern)
   „Britz" (Bimsschicht im Koblenz-Neuwieder-Becken)

9 Leistungsverzeichnisse mit Homogenbereichen

2. Korngrößenverteilung
Für die Bestimmung der Korngrößenverteilung eines Bodens ist die *DIN 18123: Baugrund, Untersuchung von Bodenproben – Bestimmung der Korngrößenverteilung* anzuwenden. Die Verwendung der Kornkennzahl zur Beschreibung des Baugrundes im Rahmen von Homogenbereichen in der VOB/C wurde schon beschrieben.

3. Masseanteil an Steinen und Blöcken
Hierfür ist die *DIN EN ISO 14688-1: Geotechnische Erkundung und Untersuchung – Benennung, Beschreibung und Klassifizierung von Boden – Teil 1: Benennung und Beschreibung* anzuwenden. Die Einteilung in Steine, Blöcke und große Blöcke ist dort in Tabelle 1 beschrieben.

Bereich	Benennung	Kurzzeichen	Korngröße mm
sehr grobkörniger Boden	großer Block	LBo	> 630
	Block	Bo	> 200 bis 630
	Stein	Co	> 63 bis 200
grobkörniger Boden	Kies	Gr	> 2,0 bis 63
	Grobkies Mittelkies Feinkies	CGr MGr FGr	> 20 bis 63 > 6,3 bis 20 > 2,0 bis 6,3
	Sand	Sa	> 0,063 bis 2,0
	Grobsand Mittelsand Feinsand	CSa MSa FSa	> 0,63 bis 2,0 > 0,2 bis 0,63 > 0,063 bis 0,2
feinkörniger Boden	Schluff	Si	> 0,002 bis 0,063
	Grobschluff Mittelschluff Feinschluff	CSi MSi FSi	> 0,02 bis 0,063 > 0,006 3 bis 0,02 > 0,002 bis 0,006 3
	Ton	Cl	≤ 0,002

Abbildung 30 Benennung und Begriffe nach Kornfraktionen (DIN EN ISO 14688-1)

4. Mineralogische Zusammensetzung der Steine und Blöcke
Diese Angabe ist nur für die *ATV DIN 18312 Untertagebauarbeiten* notwendig und auch nur dann, wenn der Vortrieb mit Schildmaschinen erfolgen soll.

9 Leistungsverzeichnisse mit Homogenbereichen

5. Dichte
   Die Bestimmung der Dichte eines Bodens kann mit Labor- oder Feldversuchen durchgeführt werden.
   Für die Bestimmung durch Laborversuche gilt die *DIN EN ISO 17892-2: Geotechnische Erkundung und Untersuchung – Laborversuche an Bodenproben – Teil 2: Bestimmung der Dichte des Bodens*.
   Für die Bestimmung durch Feldversuche gilt die *DIN 18125-2: Bestimmung der Dichte des Bodens Teil 2: Feldversuche*.
   Die Dichte wird in g/cm³ oder kg/dm³ angegeben.
   Die Werte schwanken je nach Boden zwischen 1,80 und 2,10 g/cm³.

6. Kohäsion
   Die Bestimmung der Kohäsion ist zum einen nach *DIN 18137-2: Baugrund, Untersuchung von Bodenproben – Bestimmung der Scherfestigkeit – Teil 2: Triaxialversuch* oder aber nach *DIN 18137-3: Baugrund, Untersuchung von Bodenproben – Bestimmung der Scherfestigkeit – Teil 3: Direkter Scherversuch* möglich.
   Die Kohäsion (dränierte Scherfestigkeit c') wird in kN/m² angegeben.
   In bindigen Böden liegen die Werte je nach Konsistenz und plastischen Eigenschaften zwischen 1 und 25 kN/m².

7. Undränierte Festigkeit
   Die undränierte Festigkeit ist nach den Normen *DIN 4094-4: Felduntersuchungen Teil 4: Flügelscherversuche* oder *DIN 18136: Baugrund, Untersuchung von Bodenproben: Einaxialer Druckversuch* oder *DIN 18137-2: Baugrund, Untersuchung von Bodenproben – Bestimmung der Scherfestigkeit – Teil 2: Triaxialversuch* zu ermitteln.
   Die undränierte Scherfestigkeit (c_u) wird in kN/m² bzw. in kPa angegeben.

9 Leistungsverzeichnisse mit Homogenbereichen

Eine Übersicht über die Zusammenhänge mit Konsistenz und Festigkeit zeigt Abbildung 31.

Benennung der Festigkeit nach DIN EN ISO 14688-2, Tabelle 5	Undränierte Scherfestigkeit c_u (kPa)	Benennung der Konsistenz
äußerst gering	< 10	breiig
sehr gering	10 – 20	breiig
gering	20 – 40	weich
mittel	40 – 60	weich
mittel	60 – 75	steif
hoch	75 – 150	steif
sehr hoch	150 – 200	
sehr hoch	200 – 300	halbfest
äußerst hoch	300 – 600	halbfest
äußerst hoch	> 600	fest

Abbildung 31 Zusammenhänge der undränierten Scherfestigkeit, der Konsistenz und der Festigkeit nach DIN EN ISO 14688-2 [7]

8. Sensitivität
   Die Sensitivität wird gebildet aus dem Quotienten der Scherfestigkeit eines ungestörten Bodens zur Scherfestigkeit eines gestörten Bodens.
   $\tau_u / \tau_g = S_t$
   vorbelastete Tone $\quad S_t \sim 1,0$
   normalbelastete Tone $\quad S_t \sim 2,0$ bis $4,0$
   Meereswassersedimente $\quad S_t > 100$
   (siehe [8])
   Die Ermittlung der jeweiligen Scherfestigkeiten erfolgt nach *DIN 4094-4: Felduntersuchungen Teil 4: Flügelscherversuche.*

9. Wassergehalt
   Der Wassergehalt wird nach *DIN EN ISO 17892-1: Geotechnische Erkundung und Untersuchung – Laborversuche an Bodenproben – Teil 1: Bestimmung des Wassergehalts* ermittelt. Die Angabe erfolgt in %.

10. Plastizität, Plastizitätszahl
    Die Plastizität/Plastizitätszahl wird unter zu Hilfenahme der *DIN 18122-1: Baugrund, Untersuchung von Bodenproben: Zustandsgrenzen (Konsis-*

9 Leistungsverzeichnisse mit Homogenbereichen

tenzgrenzen): Teil 1: Bestimmung der Fließ- und Ausrollgrenze und der DIN EN ISO 14688-1: Geotechnische Erkundung und Untersuchung – Benennung, Beschreibung und Klassifizierung von Boden – Teil 1: Benennung und Beschreibung bestimmt.

Die Plastizität (Verformbarkeit) eines feinkörnigen Bodens wird mit abnehmendem Wassergehalt geringer, die Konsistenz (Zusammenhalt) und Festigkeit wird höher.

Die Plastizitätszahl ergibt sich aus der Differenz der Wassergehalte von Fließgrenze zur Ausrollgrenze in %.

$I_p = w_L - w_P$

11. Konsistenz

Die Konsistenz/Konsistenzzahl wird ebenfalls mit den Normen *DIN 18122-1: Baugrund, Untersuchung von Bodenproben: Zustandsgrenzen (Konsistenzgrenzen): Teil 1: Bestimmung der Fließ- und Ausrollgrenze* und *DIN EN ISO 14688-1: Geotechnische Erkundung und Untersuchung – Benennung, Beschreibung und Klassifizierung von Boden – Teil 1: Benennung und Beschreibung* bestimmt.

Die Konsistenzzahl gibt an, in welchem Konsistenzzustand sich der Boden befindet. Mit abnehmendem Wassergehalt geht ein Boden vom flüssigen in den plastischen (bildsamen), dann in den halbfesten und schließlich in den festen Zustand über.

Konsistenzzahl I_c von Schluffen und Tonen

Bezeichnungen	Konsistenzzahl I_c
breiig	< 0,25
sehr weich	0,25 bis 0,50
weich	0,50 bis 0,75
steif	0,75 bis 1,00
halbfest	> 1,00

Abbildung 32 Konsistenzzahl in Abhängigkeit vom Bodenzustand nach DIN EN ISO 14688-2

12. Durchlässigkeit

Die Wasserdurchlässigkeit des Bodens wird mit Hilfe der *DIN 18130-1: Baugrund, Untersuchung von Bodenproben: Bestimmung des Wasserdurchlässigkeitsbeiwerts: Teil 1: Laborversuche* und der *DIN 18130-2: Baugrund, Untersuchung von Bodenproben – Bestimmung des Wasserdurchlässigkeitsbeiwerts – Teil 2: Feldversuche* ermittelt.

9 Leistungsverzeichnisse mit Homogenbereichen

Dabei erhält man den baugrundspezifischen Durchlässigkeitsbeiwert k_f (m/s).

BODEN	Durchlässigkeitsbeiwert k_f
sandiger Kies	$3 \cdot 10^{-3} - 5 \cdot 10^{-4}$
kiesiger Sand	$1 \cdot 10^{-3} - 2 \cdot 10^{-4}$
mittlerer Sand	$4 \cdot 10^{-4} - 1 \cdot 10^{-4}$
schluffiger Sand	$2 \cdot 10^{-4} - 1 \cdot 10^{-5}$
sandiger Schluff	$5 \cdot 10^{-5} - 1 \cdot 10^{-6}$
toniger Schluff	$5 \cdot 10^{-6} - 1 \cdot 10^{-8}$
schluffiger Ton	$\sim 10^{-8}$

Abbildung 33 Durchlässigkeitsbeiwerte verschiedener Böden

13. Lagerungsdichte
Die Definition der Lagerungsdichte erfolgt nach DIN EN ISO 14688-2: *Geotechnische Erkundung und Untersuchung – Benennung, Beschreibung und Klassifizierung von Boden – Teil 2: Grundlagen der Bodenklassifizierungen*. Die Bestimmung erfolgt nach DIN 18126: *Baugrund, Untersuchung von Bodenproben – Bestimmung der Dichte nichtbindiger Böden bei lockerster und dichtester Lagerung*.

Bezeichnungen für die bezogene Lagerungsdichte

Bezeichnungen	bezogene Lagerungsdichte I_D %
sehr locker	0 bis 15
locker	15 bis 35
mitteldicht	35 bis 65
dicht	65 bis 85
sehr dicht	85 bis 100

Abbildung 34 Tabelle 4 aus DIN EN ISO 14688-2 zur Definition der Lagerungsdichte

14. Kalkgehalt
Der Kalkgehalt wird nach *DIN 18129: Baugrund, Untersuchung von Bodenproben: Kalkgehaltsbestimmung* ermittelt.
Zwischen dem Aufbrausversuch und dem Kalkgehalt V_{Ca} (in %) gibt es keinen direkten Zusammenhang. Nach Schultze/Muhs kann aber wie folgt abgeschätzt werden:

9 Leistungsverzeichnisse mit Homogenbereichen

Aufbrausen	Kalkgehalt V_{ca} (in %)
kein Aufbrausen	< 1
schwach, nicht anhaltend	1–2
deutlich, nicht anhaltend	2–5
stark, anhaltend	> 5

Abbildung 35 Abschätzung des Kalkgehaltes beim Aufbrausversuch

15. Sulfatgehalt
Der Sulfatgehalt wird an Hand der *DIN EN 1997-2: Entwurf, Berechnung und Bemessung in der Geotechnik – Teil 2: Erkundung und Untersuchung des Baugrunds* ermittelt.

16. Organischer Anteil
Der organische Anteil in Böden wird nach *DIN 18128: Baugrund, Untersuchung von Bodenproben: Bestimmung des Glühverlustes* bestimmt. In der DIN EN ISO 14688-2 findet sich folgende Tabelle zur Klassifizierung von Böden mit organischen Anteilen:

Boden	Organischer Anteil % der Trockenmasse (≤ 2 mm)
schwach organisch	2 bis 6
mittel organisch	6 bis 20
stark organisch	> 20

Abbildung 36 Bodenklassifizierung nach organischen Anteilen laut DIN EN ISO 14688-2

17. Benennung und Beschreibung organischer Böden
Die Benennung und Beschreibung von organischen Böden findet man in der *DIN EN ISO 14688-1: Geotechnische Erkundung und Untersuchung – Benennung, Beschreibung und Klassifizierung von Boden – Teil 1: Benennung und Beschreibung.*
In Tabelle 2 findet man folgende Aufstellung:

9 Leistungsverzeichnisse mit Homogenbereichen

Benennung	Beschreibung
Faseriger Torf	Faserige Struktur, leichterkennbare Pflanzenstruktur; besitzt gewisse Festigkeit
Schwach faseriger Torf	Erkennbare Pflanzenstruktur; kein Festigkeit des erkennbaren Pflanzenmaterials
Amorpher Torf	Keine erkennbare Pflanzenstruktur; breiige Konsistenz
Mudde (Gyttja)	Pflanzliche und tierische Reste; mit anorganischen Bestandteilen durchsetzt
Humus	Pflanzliche Reste, lebende Organismen und deren Ausscheidungen; bilden mit anorganischen Bestandteilen den Oberboden (Mutterboden)

Abbildung 37 Benennung und Beschreibung von organischen Böden laut DIN EN ISO 14688-1

18. Abrasivität
Die Abrasivität wird in einer französischen Norm *NF P18-579* beschrieben. In der deutschen Übersetzung lautet diese: *Gesteinskörnungen – Bestimmung der Koeffizienten der Abrasivität und Mahlbarkeit.*
Es können folgende Zusammenhänge dargestellt werden [9]:

LCPC LAK [g/t]	Cerschar CAI [–]	Abrasivitäts-Klassifikation	Verschleiß-Bezeichnung	Beispiele für Festgesteine sowie für Komponenten	Lockergesteine
0–50	0–0,3	Nicht abrasiv	Kein Verschleiß	Organisches Material	Schluffiger Ton und toniger Schluff, Kalk- und Dolomitsande
50–100	0,3–0,5	Kaum abrasiv	Geringer Verschleiß	Tonschluffstein, Mergel	
100–250	0,5–1,0	Schwach abarasiv	Normaler Verschleiß	Tonschiefer, Kalk, Dolomit, Marmor	Kalk- und Dolomitreiche Kiese
250–500	1,0–2,0	Abrasiv	Hoher Verschleiß	Verkieselter Kalk und Dolomit, Sandstein, Phyllitt	Quarzreiche Sande

Abbildung 38 Abrasivitätsklassifikation in Abhängigkeit vom Cerchar-Versuch

9 Leistungsverzeichnisse mit Homogenbereichen

LCPC LAK [g/t]	Cerschar CAI [–]	Abrasivitäts-Klassifikation	Verschleiß-Bezeichnung	Beispiele für Festgesteine sowie für Komponenten	Lockergesteine
500–1250	2,0–4,0	Stark abrasiv	Sehr hoher Verschleiß	Quarzsandsteine, Quarzphyllit, Porphyr, Andesi, Basalt, Glimmerschiefer	Quarzreiche Kiese
1250–2000	4,0–6,0	Extrem abrasiv	Extrem hoher Verschleiß	(Gang-) Quarz, Quarzit, Granit, Diorit, Syenit, Gneis, Eklogit, Amphibolit	

Abbildung 38 Abrasivitätsklassifikation in Abhängigkeit vom Cerchar-Versuch *(Fortsetzung)*

19. Bodengruppe
Die Beschreibung des Baugrundes nach Bodengruppen erfolgt nach der *DIN 18915: Vegetationstechnik im Landschaftsbau – Bodenarbeiten* und der *DIN 18196: Erd- und Grundbau – Bodenklassifikation für bautechnische Zwecke*.

Fels

1. Ortsübliche Bezeichnung
 siehe „Boden".

2. Benennung von Fels
 Die Benennung von Fels erfolgt nach der *DIN EN ISO 14689-1: Geotechnische Erkundung und Untersuchung – Benennung, Beschreibung und Klassifizierung von Fels – Teil 1: Benennung und Beschreibung.*

3. Dichte
 siehe „Boden".

4. Verwitterung und Veränderungen, Veränderlichkeit
 Diese Beschreibung ist in der *DIN EN ISO 14689-1: Geotechnische Erkundung und Untersuchung – Benennung, Beschreibung und Klassifizierung von Fels – Teil 1: Benennung und Beschreibung* zu finden.

9 Leistungsverzeichnisse mit Homogenbereichen

Bezeichnungen zur Beschreibung der Verwitterung und Veränderungen von Gestein

Bezeichnung	Beschreibung
frisch	Keine sichtbaren Zeichen von Verwitterung und Veränderungen des Gesteins
verfärbt	Die Farbe des ursprünglich frischen Gesteins hat sich verändert und zeugt von Verwitterung und Veränderungen. Es sollte der Grad der Abweichung von Ader Farbe des frischen Gesteins angegeben werden. Wenn die Farbänderung auf bestimmte Mineralbestandteile beschränkt ist, sollte dies angegeben werden.
zerfallen	Das Gestein ist durch physikalische Verwitterung zerlegt, so dass kein Verbund mehr zwischen den Gesteinskörnern besteht. Das Gestein ist zu einem Boden verwittert und verändert, wobei die ursprüngliche Gesteinstextur noch erhalten ist. Das Gestein ist bröcklig, aber die Mineralkörner sind nicht verwittert.
zersetzt	Das Gestein ist durch die chemische Veränderung der Mineralkörner zu einem Boden verwittert, wobei die ursprüngliche Gesteinstextur noch erhalten ist. Einige oder alle Mineralkörner sind zersetzt.

Abbildung 39 Verwitterungen und Veränderungen nach DIN EN ISO 14689-1

Bezeichnung	Beschreibung
nicht veränderlich	keine Veränderungen
veränderlich	Bröckeln der Probenoberfläche
stark veränderlich	Zerfall der Probe

Abbildung 40 Veränderlichkeit von Gestein nach DIN EN ISO 14689-1

5. Kalkgehalt
   siehe „Boden".

6. Sulfatgehalt
   siehe „Boden".

9 Leistungsverzeichnisse mit Homogenbereichen

7. Druckfestigkeit
   Die Druckfestigkeit für Fels wird nach der *Empfehlung Nr. 1 des Arbeitskreises „Versuchstechnik Fels" der Deutschen Gesellschaft für Geotechnik e. V.: Einaxiale Druckversuche an zylindrischen Gesteinsprüfkörpern* festgelegt.

8. Spaltzugfestigkeit
   Die Spaltzugfestigkeit für Fels wird nach der *Empfehlung Nr. 10 des Arbeitskreises „Versuchstechnik Fels" der Deutschen Gesellschaft für Geotechnik e. V.: Indirekter Zugversuch an Gesteinsproben – Spaltzugversuch* festgelegt.

9. bis 11.
   Trennflächen, Gesteinskörperformen etc.
   Diese Beschreibungen sind in der *DIN EN ISO 14689-1: Geotechnische Erkundung und Untersuchung – Benennung, Beschreibung und Klassifizierung von Fels – Teil 1: Benennung und Beschreibung* zu finden.

12. Abrasivität
    Die Abrasivität für Fels wird in der französischen Norm *NF P94-430* beschrieben.

Literaturverzeichnis

[1] Borchert, K.-M.: Beschreibung der Baugrundverhältnisse durch Homogenbereiche, FGSV Erd- und Grundbautagung, Bamberg, 2013.

[2] Borchert, K.-M./ Große, A.: Vereinheitlichung der Boden- und Felsklassen für die Normen der VOB, Teil C, VOBaktuell, Ausgabe 3.2010, Beuth Verlag, Berlin, 2010.

[3] Heyer, D./Festag, G./ Kayser, J.: Boden- und Felsklassen oder Homogenbereiche – Erkenntnisse aus den Pilotprojekten, FGSV, Erd- und Grundbautagung, Bamberg, 2013.

[4] Schultze, E./Muhs, H.: Bodenuntersuchungen für Ingenieurbauten, 2. Auflage, Springer, Heidelberg, 1967.

[5] Fuchs, B./ Haugwitz, H.-G.: Aus der Bodenklasse wird der Homogenbereich, Der Bausachverständige, 2015.

[6] Kayser, J.: Umsetzung der Baugrundbeschreibung mit Homogenbereichen bei der Ausschreibung, Vergabe und Abwicklung von Bauaufträgen, BAWBrief 01/2014.

[7] Heeling, A.: Die Struktur eines Baugrundgutachtens, Bundesanstalt für Wasserbau, 2010, vzb.baw.de/publikationen/kolloquien/0/3_Heeling_Vortrag_PDF.pdf.

[8] Zilch, K./Diederichs, C.J./Katzenbach, R./Beckmann, K.J.: Handbuch für Bauingenieure, Technik, Organisation und Wirtschaftlichkeit, 2. Auflage, Springer, Heidelberg, 2012.

[9] Kurosch, T.: Abrasivität & Verschleiß, Lehrstuhl für Ingenieurgeologie der technischen Universität München, Vortrag am Geotechnischen Institut der TU Wien, 2011.

Gesetzliche und sonstige Regelungen zum Baugrund

A. Regelungen im Bürgerlichen Gesetzbuch (BGB)
B. Regelungen in der VOB Teile A und B
I. VOB Teil A
II. VOB Teil B
III. Regelungen in der VOB Teil C
IV. Die richtige Anwendung der VOB Teil C –
Regelungen zur Risikozuweisung

Viele Baugrund- und Tiefbaurechtsstreitfälle lassen sich durch Anwendung bestehender gesetzlicher und sonstiger Regelungen, insbesondere aus der VOB, lösen.

A. Regelungen im Bürgerlichen Gesetzbuch (BGB)

Zunächst gibt das Gesetz in § 905 BGB vor, wie weit die Eigentumsrechte im Hinblick auf ein Grundstück gehen:

§ 905 BGB Begrenzung des Eigentums

Das Recht des Eigentümers eines Grundstücks erstreckt sich auf den Raum über der Oberfläche und auf den Erdkörper unter der Oberfläche. Der Eigentümer kann jedoch Einwirkungen nicht verbieten, die in solcher Höhe oder Tiefe vorgenommen werden, dass er an der Ausschließung kein Interesse hat.

Weiter verbietet § 909 BGB, dem Nachbargrundstück die notwendige Stütze für dessen Halt, z.B. durch Abgrabungen, Vertiefungen, Grundwasserentzug, Hebungen zu entziehen:

§ 909 BGB Vertiefung

Ein Grundstück darf nicht in der Weise vertieft werden, dass der Boden des Nachbargrundstücks die erforderliche Stütze verliert, es sei denn, dass für eine genügende anderweitige Befestigung gesorgt ist.

Hinsichtlich der Risikotragung aus dem Baugrund geben die §§ 644 und 645 BGB vor:

§ 644 BGB Gefahrtragung

(1) Der Unternehmer trägt die Gefahr bis zur Abnahme des Werkes. Kommt der Besteller in Verzug der Annahme, so geht die Gefahr auf ihn über. Für den zufälligen Untergang und eine zufällige Verschlechterung

des von dem Besteller gelieferten Stoffes ist der Unternehmer nicht verantwortlich.

(2) ....

§ 645 BGB Verantwortlichkeit des Bestellers
(1) Ist das Werk vor der Abnahme infolge eines Mangels des von dem Besteller gelieferten Stoffes oder infolge einer von dem Besteller für die Ausführung erteilten Anweisung untergegangen, verschlechtert oder unausführbar geworden, ohne dass ein Umstand mitgewirkt hat, den der Unternehmer zu vertreten hat, so kann der Unternehmer einen der geleisteten Arbeit entsprechenden Teil der Vergütung und Ersatz der in der Vergütung nicht inbegriffenen Auslagen verlangen. Das Gleiche gilt, wenn der Vertrag in Gemäßheit des § 643 aufgehoben wird.

(2) Eine weitergehende Haftung des Bestellers wegen Verschuldens bleibt unberührt.

Zum Verständnis dieser beiden gesetzlichen Risikovorgaben muss man nicht nur die Gleichsetzung von „Stoff" und „Baugrund" kennen, sondern auch die Begrifflichkeit „liefern": Unter einer Lieferung versteht man unzutreffend meist nur das „Verbringen", also das „Bewegen" eines Gegenstands von einem Vertragspartner zum anderen. Deshalb wird der Regelungsinhalt der §§ 644, 645 BGB oftmals im Hinblick auf den Baugrund verkannt. Denn so betrachtet wird der Baugrund niemals „geliefert" – wie etwa dann, wenn beim Auftrag an einen Schneider, einen Anzug zu fertigen, der Stoff vom Besteller übergeben wird –, sondern er ist denknotwendig in Form des Baugrundstücks vorhanden. Genau das aber ist auch eine „Lieferung", nämlich ein „Überlassen" des wichtigsten Baustoffes, der für jedes Bauwerk unverzichtbar und damit conditio sine qua non ist: Der „Baugrund", ohne den „das Bauen nicht geht". Dieser, auch in der rechtswissenschaftlichen Diskussion von einer Mindermeinung verkannte, Begriff des Lieferns im Sinne des Überlassens erleichtert das Verständnis des Baugrund- und Tiefbaurechts sehr. Motzke hat insoweit überzeugende Ausführungen zu dieser Thematik des Lieferns gemacht und klargestellt, dass die Auffassung, wonach der Begriff „Stoff" im Sinne der §§ 644, 645 BGB schon deshalb nicht auch den Baugrund umfassen könne, weil dieser nicht „geliefert" werde, sowohl dem Wort- als auch dem Gesetzessinn widerspricht. Deshalb bejaht Motzke zu Recht die Anwendbarkeit der genannten Bestimmungen auch auf den Baugrund.[1]

---

1 Motzke, Das Baugrundrisiko – es gibt es doch, in: Geheimnisse des Baugrunds, FS Englert, S. 315 ff.; BGHZ 136, 303 = BauR 1997, 1019 (Schürmann-Bau).

Gesetzliche und sonstige Regelungen zum Baugrund

Darüber hinaus ist zu berücksichtigen, dass nach den Vorgaben des BGH § 645 BGB nicht nur für BGB-Bauverträge, sondern auch für Verträge gemäß der VOB anzuwenden ist:

Die Vorschrift des § 645 I 1 BGB ist, wenn ihre Voraussetzungen vorliegen, auch in einem VOB/B-Vertrag anwendbar. Die VOB/B enthält keine abweichende Sonderregel.

Die vom BGH entwickelten Grundsätze zur entsprechenden Anwendbarkeit des § 645 I 1 BGB sind auf die Fallsituation dieses Rechtsstreits übertragbar.

Der BGH[2] hat zu den Voraussetzungen einer entsprechenden Anwendbarkeit des § 645 I 1 BGB im Einzelfall folgenden Grundsatz entwickelt:

Diese Vorschrift beruht auf Billigkeit. Ihre entsprechende Anwendung ist deshalb in Fällen geboten, in denen die Leistung des Unternehmers aus Umständen untergeht oder unmöglich wird, die in der Person des Bestellers liegen ... oder auf Handlungen des Bestellers zurückgehen ... auch wenn es insoweit an einem Verschulden des Bestellers fehlt. In derartigen Fällen steht der Besteller der sich aus diesen Umständen ergebenden Gefahr für das Werk näher als der Unternehmer ... Die entsprechende Anwendung des § 645 I 1 BGB führt in solchen Fällen zu einem beiden Parteien des Werkvertrages gerecht werdenden billigen Interessenausgleich. Der Unternehmer erhält (nur) die erbrachte und untergegangene Werkleistung bezahlt. Der Besteller braucht den darüber hinausgehenden Teil der vereinbarten Vergütung nicht zu entrichten. (BGHZ 78, 352 (354 f.) = NJW 1981, 391 = LM § 7 VOB/B 1973 Nr. 4).

---

2 Urt. v. 27.7.2006 – VII ZR 202/04 = IBR 2006, 605.

B. Regelungen in der VOB Teile A und B

Die VOB enthält eine Reihe von Regelungen zum Baugrund – wenn man wiederum nachvollzieht, dass mit dem Begriff „Stoff" (auch) der „Baugrund" als Baustoff verstanden wird, sowie die Bedeutung der Vorgaben in den Allgemeinen Technischen Vertragsbedingungen (ATV) der VOB Teil C kennt. Denn in dem Urteil des BGH aus 2006 stellt der Senat erstmals klar, dass die Regelungen der VOB Teil C nicht nur Vertragsinhalt, sondern auch Auslegungshilfe sind. Die entscheidenden Sätze lauten:

„Für die Abgrenzung, welche Leistungen von der vertraglich vereinbarten Vergütung erfasst sind und welche Leistungen zusätzlich zu vergüten sind, kommt es auf den Inhalt der Leistungsbeschreibung an. Diese ist im Zusammenhang des gesamten Vertragswerks auszulegen. Haben die Parteien die Geltung der VOB/B vereinbart, gehören hierzu auch die Allgemeinen Technischen Bestimmungen für Bauleistungen, VOB/C (Ergänzung von BGH, Urt. v. 28. Februar 2002 – VII ZR 376/00 = IBR 2002, 231 = BauR 2002, 935 = ZfBR 2002, 482 = NZBau 2002, 324)."

Die maßgeblichen Spezial-DIN-Normen der VOB Teil C (Ergänzungsband 2015) weisen eine Vielzahl von 13 baugrundspezifischen Risiko-Verteilungsregelungen auf, die in der Bau(rechts)praxis häufig deshalb übersehen werden, weil die VOB Teil C selbst immer noch nicht als maßgebliche Bestimmung des Vertragsinhalts verstanden wird: Immer noch ordnen Vertreter der Rechtswissenschaft – fälschlich und entgegen den Vorgaben des BGH – die Regelungen dem Gebiet der Technik zu, und umgekehrt glauben die Vertreter der Bautechnik, dass sich die VOB Teil C nur an den Juristen wendet.

Dass diese Denkansätze einfach falsch sind, vielmehr sämtliche Regelungen in den 65 VOB-DIN-Normen von ATV DIN 18299 bis 18459 automatisch und unmittelbar Vertragsbestandteil werden, die auch grundsätzlich nicht verändert werden dürfen, wie § 8 VOB/A und § 1 Abs. 1 VOB/B vorgeben, lässt sich nicht nur dem oben genannten BGH-Urteil, sondern auch der aktuellen Rechtsprechung und Lehre entnehmen.

Gesetzliche und sonstige Regelungen zum Baugrund

I. VOB Teil A

So finden sich in der VOB Teil A folgende spezifische Baugrundregelungen:

§ 7 VOB/A (ebenso § 7 EG VOB/A) Leistungsbeschreibung

Allgemeines

(1)
1. Die Leistung ist eindeutig und so erschöpfend zu beschreiben, dass alle Bewerber die Beschreibung im gleichen Sinne verstehen müssen und ihre Preise sicher und ohne umfangreiche Vorarbeiten berechnen können.
2. Um eine einwandfreie Preisermittlung zu ermöglichen, sind alle sie beeinflussenden Umstände festzustellen und in den Vergabeunterlagen anzugeben.
3. Dem Auftragnehmer darf kein ungewöhnliches Wagnis aufgebürdet werden für Umstände und Ereignisse, auf die er keinen Einfluss hat [= Baugrund!] und deren Einwirkung auf die Preise und Fristen er nicht im Voraus schätzen kann.
4. ....
5. ....
6. Die für die Ausführung der Leistung wesentlichen Verhältnisse der Baustelle, z.B. Boden- und Wasserverhältnisse, sind so zu beschreiben, dass der Bewerber ihre Auswirkungen auf die [1.] bauliche Anlage und [2.] die Bauausführung hinreichend beurteilen kann.
7. Die „Hinweise für das Aufstellen der Leistungsbeschreibung" in Abschnitt 0 der Allgemeinen Technischen Vertragsbedingungen für Bauleistungen, DIN 18299 ff. [= VOB/C], sind zu beachten. [Hervorhebungen durch den Verfasser]

Gerade diese Vorgabe durch die VOB/A wird häufig übersehen oder nicht verstanden:

Wenn „Hinweise" beachtet werden müssen, solche jedoch nicht gegeben werden, obwohl sie zum Verständnis und zur Kalkulation von Ausschreibungsunterlagen erforderlich sind, dann kann zur Ermittlung des vertraglich geschuldeten Bau-Solls davon ausgegangen werden, dass der Bieter insoweit keine Berücksichtigungspflicht hat – sofern es sich nicht um „ins Auge springende Fehler, Lücken oder Unklarheiten" handelt. Zum besseren Verständnis dieser grundlegenden Vorgabe des § 7 VOB/A ist auf das Urteil des BGH vom 21. März 2013 zu verweisen, das die Kernsätze enthält:

„2. Die Auslegung, welche Leistung von der Vergütungsabrede in einem Bauvertrag erfasst wird, obliegt dem Tatrichter. Eine revisionsrechtliche

Überprüfung findet nur dahin statt, ob Verstöße gegen gesetzliche Auslegungsregeln, anerkannte Auslegungsgrundsätze, sonstige Erfahrungssätze oder Denkgesetze vorliegen oder ob die Auslegung auf Verfahrensfehlern beruht (BGH, Urt. v. 22. Dezember 2011 – VII ZR 67/11, BGHZ 192, 172 Rn. 12; Urt. v. 22. Juli 2010 – VII ZR 213/08, BGHZ 186, 295 Rn. 13 m.w.N.). Das Berufungsgericht hat gegen anerkannte Auslegungsgrundsätze verstoßen.

a) Ein Bieter darf die Leistungsbeschreibung einer öffentlichen Ausschreibung nach der VOB/A im Zweifelsfall so verstehen, dass der Auftraggeber den Anforderungen der VOB/A an die Ausschreibung entsprechen will (vgl. BGH, Urt. v. 22. Dezember 2011 – VII ZR 67/11, BGHZ 192, 172 Rn. 15; Urt. v. 11. März 1999 – VII ZR 179/98, BauR 1999, 897, 898 = ZfBR 1999, 256; Urt. v. 9. Januar 1997 – VII ZR 259/95, BGHZ 134, 245, 248; Urt. v. 11. November 1993 – VII ZR 47/93, BGHZ 124, 64, 68). Danach sind die für die Ausführung der Leistung wesentlichen Verhältnisse der Baustelle, wie z.B. Bodenverhältnisse, so zu beschreiben, dass der Bewerber ihre Auswirkungen auf die bauliche Anlage und die Bauausführung hinreichend beurteilen kann. Die „Hinweise für das Aufstellen der Leistungsbeschreibung" in Abschnitt 0 der Allgemeinen Technischen Vertragsbedingungen für Bauleistungen, DIN 18299 ff., sind zu beachten, § 9 Nr. 1 bis 3 VOB/A a.F. (BGH, Urt. v. 22. Dezember 2011 – VII ZR 67/11, BGHZ 192, 172 Rn. 15). Sowohl nach DIN 18299 [Ausgabe 2000] Abschnitt 0.1.18 (ebenso DIN 18299 [Ausgabe 2006] Abschnitt 0.1.20) als auch nach DIN 18300 [Ausgabe 2000 und Ausgabe 2006] Abschnitt 0.2.3 ist in der Leistungsbeschreibung eine Schadstoffbelastung nach den Erfordernissen des Einzelfalls anzugeben (vgl. BGH, Urt. v. 22. Dezember 2011 – VII ZR 67/11, BGHZ 192, 172 Rn. 22). Die ausdrückliche Angabe einer Bodenkontamination ist allerdings nicht in jedem Fall zwingend; sie kann unterbleiben, wenn sich aus den gesamten Vertragsumständen klar ergibt, dass eine derartige Kontamination vorliegt (vgl. BGH, Urt. v. 22. Dezember 2011 – VII ZR 67/11, BGHZ 192, 172 Rn. 22). Denn in solchen Fällen ist den in § 9 VOB/A a.F. zum Schutz des Bieters enthaltenen Ausschreibungsgrundsätzen Genüge getan, weil dieser auch ohne Angaben in der Ausschreibung eine ausreichende Kalkulationsgrundlage hat.

b) Diese Auslegungsgrundsätze hat das Berufungsgericht nicht hinreichend beachtet. Der Senat kann die fehlerhafte Auslegung des Berufungsgerichts durch eine eigene Auslegung der mit den Beklagten geschlossenen Verträge ersetzen, da weitere Feststellungen nicht zu erwarten sind. Danach haben die Beklagten die betreffenden Bodenschichten schadstofffrei ausgeschrieben. Dabei kann dahinstehen, ob sich das bereits

Gesetzliche und sonstige Regelungen zum Baugrund

daraus ergibt, dass – wie die Klägerin behauptet – in vergleichbaren Fällen in den Ausschreibungsunterlagen stets auf eine Schadstoffbelastung hingewiesen worden ist, weshalb die Klägerin wegen dieses Ausschreibungsverhaltens habe annehmen dürfen, dass der Boden nicht kontaminiert sei. Der Boden ist schon deshalb als unbelastet ausgeschrieben, weil die Beklagten in ihrer Ausschreibung keine Angaben zu einer möglichen Chlorid- oder sonstigen Schadstoffbelastung gemacht haben. Die Beklagten waren gemäß DIN 18300 Abschnitt 0.2.3 gehalten, nach den Erfordernissen des Einzelfalls Angaben zur Schadstoffbelastung nach Art und Umfang zu machen. Es liegen keine Umstände vor, wonach die Beklagten von Angaben zu relevanten Schadstoffbelastungen hätten absehen können.

Sie machen nicht geltend, dass ihnen eine Untersuchung des Bodens vor der Ausschreibung auf eine Belastung der unterhalb der Tragschicht gelegenen Bodenschicht unzumutbar gewesen wäre. Es kann deshalb dahinstehen, wie eine Ausschreibung ohne Angaben zu Kontaminationen im Einzelfall zu verstehen ist, wenn der Auftraggeber auf eine Bodenuntersuchung verzichtet, weil diese einen unzumutbaren Aufwand erfordert. Allein der Umstand, dass die Bieter – auch wegen eventueller Kenntnisse vom Winterdienst auf der betreffenden Straße – mit dem Vorliegen einer Chloridkontamination rechnen mussten, rechtfertigte es nicht, von Angaben dazu in der Ausschreibung abzusehen. Angaben zu Kontaminationen sind entbehrlich, wenn sich aus den gesamten Vertragsumständen klar ergibt, dass der auszuhebende Boden kontaminiert ist. Ein derartiger Fall liegt hier angesichts der vom Berufungsgericht übernommenen Ausführungen des Sachverständigen Prof. Dr.-Ing. K., wonach eine Salzbelastung in derartigen Bodenschichten selten vorkommt (vgl. Protokoll des Termins vom 9. März 2011, Seite 3), nicht vor. Ergibt sich eine Schadstoffbelastung aus den gesamten Vertragsumständen nicht klar, sind Angaben dazu nach Art und Umfang grundsätzlich erforderlich. DIN 18300 Abschnitt 0.2.3 dient gerade dazu, die bestehende Ungewissheit zu beseitigen und dem Bieter eine ausreichende Kalkulationsgrundlage zu verschaffen.

Die Klägerin durfte davon ausgehen, dass sich die Beklagten an die Ausschreibungsregeln halten. Sie durfte deshalb aus dem Umstand, dass eine Schadstoffbelastung des Bodens nach Art und Umfang nicht angegeben war, den Schluss ziehen, dass die Beklagten den Aushub schadstofffreien Bodens ausgeschrieben hatten. Genauso war das Angebot der Klägerin zu verstehen, das die Beklagten angenommen haben. Die Parteien haben danach den Aushub schadstofffreien Bodens vereinbart."

Gesetzliche und sonstige Regelungen zum Baugrund

II. VOB Teil B

Auch die VOB Teil B weist einige Vorgaben auf, die – auch – für den Baugrund gelten:

Eine spezifische Baugrund-Regelung – ohne diesen Universalbaustoff beim Namen zu nennen – findet sich in § 6 VOB/B:

Danach werden „Ausführungsfristen" verlängert, soweit eine Behinderung verursacht ist

> „a) durch einen Umstand aus dem Risikobereich des Auftraggebers" (§ 6 Abs. 2, Nr. 1 a).

Neben dem Genehmigungsrisiko stellen das Baugrund-, System-, Kontaminations-, Setzungs-, Hebungs- und Wasserrisiko die wesentlichsten Verantwortungsbereiche und damit „Risikobereiche" des Auftraggebers dar. Eine weitere Regelung, die im Zusammenhang mit Baugrundproblemen steht, ist schließlich § 7 VOB/B – Verteilung der Gefahr:

> „(1) Wird die ganz oder teilweise ausgeführte Leistung vor der Abnahme durch höhere Gewalt, Krieg, Aufruhr oder andere objektiv unabwendbare vom Auftragnehmer nicht zu vertretende Umstände beschädigt oder zerstört, so hat dieser für die ausgeführten Teile der Leistung die Ansprüche nach § 6 Absatz 5; für andere Schäden besteht keine gegenseitige Ersatzpflicht.
> (2) Zu der ganz oder teilweise ausgeführten Leistung gehören alle mit der baulichen Anlage unmittelbar verbundenen, in ihre Substanz eingegangenen Leistungen, unabhängig von deren Fertigstellungsgrad.
> (3) Zu der ganz oder teilweise ausgeführten Leistung gehören nicht die noch nicht eingebauten Stoffe und Bauteile sowie die Baustelleneinrichtung und Absteckungen. Zu der ganz oder teilweise ausgeführten Leistung gehören ebenfalls nicht Hilfskonstruktionen und Gerüste, auch wenn diese als Besondere Leistung oder selbständig vergeben sind."

Diese Regelung ist ebenso komplex wie in der Praxis unverstanden, obwohl der BGH eine verständliche „Gebrauchsanleitung" vorgegeben hat:

> „Nach der Rechtsprechung des BGH sind Ereignisse im Sinne des § 7 Nr. 1 VOB/B unabwendbare, vom Auftragnehmer nicht zu vertretende Umstände, „die nach menschlicher Einsicht und Erfahrung in dem Sinne unvorhersehbar sind, dass sie oder ihre Auswirkungen trotz Anwendung wirtschaftlich verträglicher Mittel durch die äußerste nach der Sachlage zu erwartende Sorgfalt nicht verhütet oder in ihren Wirkungen bis auf ein erträgliches Maß

Gesetzliche und sonstige Regelungen zum Baugrund

unschädlich gemacht werden können" (BGHZ 61, 144 (145) = NJW 1973, 1698 = LM VOB Teil B Nr. 63).

b) Danach ist ein Ereignis nicht schon dann unvorhersehbar, wenn es für den Auftragnehmer nach den vom BGH entwickelten Kriterien unanwendbar war. Die Voraussetzungen des § 7 Abs. 1 VOB/B sind nur dann erfüllt, wenn das Ereignis objektiv unabhängig von der konkreten Situation des betroffenen Auftragnehmers unvorhersehbar und unvermeidbar war. Allerdings kann das Senatsurteil (VersR 1962, 159 (160)) in dem Sinn verstanden werden, dass die Unabwendbarkeit nach der Situation des Auftragnehmers zu beurteilen ist. Das entspricht nicht der Auffassung des Senats. § 7 Abs. 1 VOB/B regelt abweichend von den Vorschriften des BGB zur Vergütungsgefahr vor Abnahme des Werkes einen Fall des Gefahrübergangs auf den Auftraggeber (BGHZ 61, 144 (146 f.) = NJW 1973, 1698 = LM VOB Teil B Nr. 63; Staudinger/Peters, BGB, 13. Bearb. (1994), § 644 Rdn. 31 f.). Die Vorschrift des § 7 Abs. 1 VOB/B enthält keine vom allgemeinen Zivilrecht abweichende Regelung der Voraussetzungen der höheren Gewalt und des unabwendbaren Ereignisses (Staudinger/Peters, § 644 Rdnr. 33). Ein Fall höherer Gewalt liegt vor, wenn ein von außen einwirkendes und objektiv unabwendbares Ereignis eingetreten ist. Im Unterschied zu dem Tatbestandsmerkmal der höheren Gewalt umfasst das unabwendbare Ereignis auch unvorhersehbare nicht betriebsfremde Ereignisse (BGH, VersR 1962, 159 (160)). Notwendige, allerdings nicht hinreichende Voraussetzung eines unabwendbaren Ereignisses ist es, dass der Auftragnehmer das Ereignis nicht zu vertreten hat (BGHZ 78, 352 (357 f.) = NJW 1981, 391 = LM § 7 VOB/B 1973 Nr. 4). Nach seiner Regelungsfunktion, nämlich der Gefahrtragung vor Abnahme in Fällen unabwendbarer Ereignisse, ist § 7 Abs. 1 VOB/B nicht anwendbar, wenn die Schädigung auf den Auftraggeber zurückzuführen ist."

III. Regelungen in der VOB Teil C

Die Normen in der VOB Teil C, die Bauarbeiten, die „in die Tiefe gehen", regeln (ATV DIN 18299 bis 18326), beinhalten eine Vielzahl vertraglicher Regelungen zur Risikozuweisung sowohl des Baugrund- als auch des Systemrisikos. Exemplarisch werden nachstehend aus dem aktuellen VOB-Ergänzungsband 2015 die in der Praxis wichtigsten Regelungen aufgeführt:

Gesetzliche und sonstige Regelungen zum Baugrund

ATV DIN 18299 Allgemeine Regelungen für Bauarbeiten jeder Art:
Abschnitt 3.3
Werden Schadstoffe angetroffen, z.b. in Böden, Gewässern oder Bauteilen, ist der Auftraggeber unverzüglich zu unterrichten. Bei Gefahr im Verzug hat der Auftragnehmer unverzüglich die notwendigen Sicherungsmaßnahmen zu treffen. Die weiteren Maßnahmen sind gemeinsam festzulegen. Die getroffenen und die weiteren Maßnahmen sind Besondere Leistungen (siehe Abschnitt 4.2.1).

ATV DIN 18300 Erdarbeiten
Abschnitt 3.1.3
Gefährdete bauliche Anlagen sind zu sichern; DIN 4123 „Ausschachtungen, Gründungen und Unterfangungen im Bereich bestehender Gebäude" ist zu beachten. Bei Schutz- und Sicherungsmaßnahmen sind die Vorschriften der Eigentümer oder anderer Weisungsberechtigter zu beachten. Die erforderlichen Leistungen sind Besondere Leistungen (siehe Abschnitt 4.2.1).

Abschnitt 3.1.5
Wenn die Lage von Leitungen, Vermarkungen, Hindernissen und baulichen Anlagen vor Ausführung der Arbeiten nicht angegeben werden kann, sind diese zu erkunden. Die Leistungen für derartige Erkundungen sind Besondere Leistungen (siehe Abschnitt 4.2.1).

Benachbarte Bauwerke werden oftmals erst im Zuge der Ausführung von Tiefbauarbeiten als vorhanden entdeckt bzw. deren Schadensanfälligkeit bemerkt (z.B. nur Holzpfahlgründung oder Ziegelfundament). Dann sind meist kostenaufwändige Zusatzmaßnahmen zur Sicherung bzw. Wiederherstellung der Standfestigkeit erforderlich. Dies sind typische Fälle einer Baugrundrisikoverwirklichung, die durch die Regelung in der VOB/C in den finanziellen Verantwortungsbereich des Auftraggebers fallen, wie die Zuordnung zum Abschnitt 4.2 als „Besondere Leistungen" aufzeigt.

Die Formulierung ist typisch für die Baugrundproblematik: Durch die „Uneinsehbarkeit" des Baugrunds können oftmals auch die näher bezeichneten „Einschlüsse" wie Leitungen oder alte Keller im Zuge von Baugrundaufschlüssen hinsichtlich ihrer genauen Lage nicht im Vorfeld erkannt werden.

Abschnitt 3.1.6
Werden unvermutet Hohlräume oder Hindernisse angetroffen, z.B. Leitungen, Kanäle, Vermarkungen, Bauwerksreste, ist dies dem Auftraggeber unverzüglich mitzuteilen. Die erforderlichen Leistungen sind ge-

meinsam festzulegen. Diese Leistungen sind Besondere Leistungen (siehe Abschnitt 4.2.1).

Ist zu vermuten, dass es sich bei den Hindernissen um Kampfmittel handelt, müssen die Arbeiten sofort eingestellt und die zuständige Stelle sowie der Auftraggeber benachrichtigt werden. Die notwendigen Sicherungsleistungen hat der Auftragnehmer unverzüglich durchzuführen. Die erbrachten sowie die weiteren gemeinsam festzulegenden Leistungen sind Besondere Leistungen (siehe Abschnitt 4.2.1).

Abschnitt 3.2.3
Schäden aus Witterungsereignissen, mit denen der Auftragnehmer normalerweise nicht rechnen muss, sind dem Auftraggeber unverzüglich mitzuteilen. Die Leistungen für die zu treffenden Maßnahmen sind gemeinsam festzulegen und, soweit nicht vom Auftragnehmer zu vertreten, Besondere Leistungen (siehe Abschnitt 4.2.1).

Abschnitt 3.4.2
Werden vorgegebene Anforderungen trotz geeigneter Verdichtungsgeräte, Arbeitsverfahren und Schichtdicken nicht erreicht, ist dies dem Auftraggeber unverzüglich mitzuteilen. Die Leistungen für die zu treffenden Maßnahmen sind gemeinsam festzulegen und, soweit nicht vom Auftragnehmer zu vertreten, Besondere Leistungen (siehe Abschnitt 4.2.1).

Abschnitt 3.5.2
Ergibt sich während der Ausführung von Böschungen die Gefahr von Rutschungen oder Erosionen, hat der Auftragnehmer unverzüglich die notwendigen Maßnahmen zur Verhütung von Schäden zu treffen und dies dem Auftraggeber unverzüglich mitzuteilen. Die erbrachten sowie die weiteren Leistungen sind, soweit nicht vom Auftragnehmer zu vertreten, Besondere Leistungen (siehe Abschnitt 4.2.1).

Abschnitt 4.2:
In diesem Abschnitt sind seit der VOB-Ausgabe 2012, Ergänzungsband 2015 sehr viele Baugrundmaßnahmen als Besondere Leistungen aufgeführt, die in früheren Ausgaben zusätzlich in Abschnitt 3 beinhaltet waren. So etwa das Entsorgen von gelöstem Boden und Fels in Abschnitt 4.2.4. Mit dieser Regelung wird zugleich die „Eigentumsfrage" beantwortet: Boden und Fels verbleiben im Eigentum und damit in der Verantwortung des Auftraggebers bzw. Grundstückeigentümers!

Dieser Abschnitt beinhaltet eine typische Baugrundrisiko-Regelung: „Unvermutet" bedeutet, dass individuell-konkret weder Hohlräume noch Hindernisse aller Art (dies ergibt sich aus der offenen Formulierung „z.B.", sodass dazu auch Steine und Blöcke zählen, vgl. dazu die Aufzählung in der ATV DIN 18319, Abschnitt 3.1.7) bekannt waren. Bekannt wären diese nur dann, wenn eine exakte Beschreibung der Hohlräume oder Hindernisse nach Lage, Größe, Form und Beschaffenheit vorliegen würde. Eine bloß abstrakt-generelle Angabe genügt nicht, um das Merkmal „unvermutet" auszuräumen. Demnach führen oftmals in Leistungs- oder Baugrundbeschreibungen verwendete Formulierungen wie *„Mit Hohlräumen und Hindernissen aller Art ist zu rechnen"* oder *„Findlinge können angetroffen werden"* nicht dazu, den Auftragnehmer mit den Folgen des Antreffens derartiger Inhomogenitäten zu belasten.

Die Vorgabe, dass *„gemeinsam"* die *„erforderlichen Leistungen"* festzulegen sind, bedeutet nicht, dass der Auftragnehmer selbst Planungsleistungen für die Bewältigung der Probleme erbringen muss. Die Verantwortlichkeit verbleibt beim Auftraggeber, wie die Zuordnung zu den Besonderen Leistungen nach Abschnitt 4.2 zeigt.

Diese ausführliche Regelung für den möglichen Fall, dass Kampfmittel angetroffen werden, unterstreicht die Sensibilität, die mittlerweile aufgrund zahlreicher Unglücksfälle im Zusammenhang mit Fundmunition oder Bomben entstanden ist; vgl. dazu auch die ATV DIN 18299, Abschnitt 0.1.17 sowie die ATV DIN 18323 Kampfmittelräumarbeiten der VOB Teil C.

Die Witterung spielt insbesondere beim Erdbau eine sehr große Rolle hinsichtlich der Durchführung der Bauleistungen Lösen, Laden, Transportieren und Einbauen. Deshalb enthält die VOB/C an dieser Stelle eine Risikoverteilung dahingehend, dass das „Normale" dem Risikobereich des Auftragnehmers, das darüber hinausgehende Wetter jedoch hinsichtlich der damit zusammenhängenden Auswirkungen auf den Baustoff Baugrund (z.B. totale Durchnässung, Verschlammung, Austrocknung) dem Risikobereich des Auftraggebers unterfällt. Für den Auftragnehmer ist deshalb eine möglichst umfassende Dokumentation des Witterungsverlaufs, auch mit Hilfe des Deutschen Wetterdienstes, unerlässlich.

ATV DIN 18301 Bohrarbeiten

Abschnitt 3.1.7

Werden unvermutet Hohlräume oder Hindernisse angetroffen oder können aus nicht vom Auftragnehmer zu vertretenden Gründen Bohrrohre, Bohrgestänge oder Bohrwerkzeuge nicht mehr bewegt werden, kann kein Bohrfortschritt erzielt werden oder weicht die Bohrachse von der vereinbarten Richtung ab, ist dies dem Auftraggeber unverzüglich mitzu-

teilen. Die erforderlichen Leistungen sind gemeinsam festzulegen. Diese Leistungen sind Besondere Leistungen (siehe Abschnitt 4.2.1).

Ist zu vermuten, dass es sich bei den Hindernissen um Kampfmittel handelt, müssen die Arbeiten sofort eingestellt und die zuständige Stelle sowie der Auftraggeber benachrichtigt werden. Die notwendigen Sicherungsleistungen hat der Auftragnehmer unverzüglich durchzuführen. Die erforderlichen Leistungen sind gemeinsam festzulegen. Die erbrachten sowie die weiteren Leistungen sind Besondere Leistungen (siehe Abschnitt 4.2.1).

Abschnitt 3.1.8
Außergewöhnliche Feststellungen, z.B. in der Beschaffenheit und Farbe des Baugrunds, im Geruch oder in der Färbung des Wassers, Wasser- oder Bodenauftrieb, Austreten des Wassers über Gelände, starkes Absinken des Wasserspiegels, Gasvorkommen, Hohlräume im Baugrund, sind zu beobachten, dem Auftraggeber unverzüglich anzuzeigen und zu dokumentieren. Die notwendigen Sicherungsleistungen hat der Auftragnehmer unverzüglich durchzuführen. Die weiteren Leistungen sind gemeinsam festzulegen. Die erbrachten sowie die weiteren Leistungen sind Besondere Leistungen (siehe Abschnitt 4.2.1).

Abschnitt 3.2.3
Treten unvermutet Verluste der verwendeten Stützflüssigkeiten oder Bohrspülungen im Baugrund auf, sind die erforderlichen Leistungen für Sicherungsmaßnahmen unverzüglich zu treffen. Die erbrachten sowie weitere gemeinsam festzulegende Leistungen sind, einschließlich des Ersetzens der Stützflüssigkeiten oder Bohrspülungen, Besondere Leistungen (siehe Abschnitt 4.2.1), soweit nicht vom Auftragnehmer zu vertreten.

Abschnitt 3.3
Bohrrohre, Bohrgestänge und Bohrwerkzeuge sind nach Erreichen des Bohrzwecks zu ziehen. Lassen sie sich nicht ziehen, so hat der Auftragnehmer dies dem Auftraggeber unverzüglich anzuzeigen. Die erforderlichen Leistungen und der Ersatz der im Bohrloch ganz oder teilweise verbleibenden Teile sind Besondere Leistungen, es sei denn, dass der Auftragnehmer die Ursache zu vertreten hat (siehe Abschnitt 4.2.1). Der Ersatz im Bohrloch verbleibender Teile erfolgt nach dem Zeitwert.

Dieser Abschnitt beinhaltet eine typische Baugrundrisiko-Regelung: „Unvermutet" bedeutet, dass individuell-konkret weder Hohlräume noch Hindernisse aller Art bekannt waren. Bekannt wären diese nur dann, wenn eine exakte Beschreibung der Hohlräume oder Hindernisse nach Lage, Größe, Form und Beschaffenheit vorliegen würde. Eine bloß abstrakt-generelle An-

Gesetzliche und sonstige Regelungen zum Baugrund

gabe genügt nicht, um das Merkmal „unvermutet" auszuräumen. Demnach helfen oftmals in Leistungs- oder Baugrundbeschreibungen verwendete Formulierungen wie: „Mit Hohlräumen und Hindernissen aller Art ist zu rechnen" nicht weiter.

Diese ausführliche Regelung für den möglichen Fall, dass Kampfmittel angetroffen werden, unterstreicht die Sensibilität, die mittlerweile aufgrund zahlreicher Unglücksfälle im Zusammenhang mit Fundmunition oder Bomben entstanden ist; vgl. dazu auch ATV DIN 18299, Abschnitt 0.1.17.

Dieser Abschnitt verdeutlicht einerseits die Kooperationspflicht der Vertragsparteien („gemeinsam"), andererseits aber wird vom Auftragnehmer die „unverzügliche", also sofortige (vgl. § 121 BGB) Mitteilung verlangt (die aus Beweisgründen, aber auch mit Blick auf die strenge Regelung des § 4 Abs. 3 VOB/B (Bedenkenanmeldung), stets schriftlich und mit Zugangsnachweis erfolgen sollte), dass „außergewöhnliche Feststellungen" gemacht wurden. Das Problem liegt hier oft in der gerichtsfesten Dokumentation dieser Feststellung. Es ist deshalb in allen Fällen, in denen ein Auftragnehmer eine „außergewöhnliche Feststellung" reklamiert, dringend anzuraten, sofort – nach Möglichkeit im Einvernehmen mit dem Auftraggeber – einen Baugrund-Sachverständigen einzuschalten und ein gerichtliches Beweisverfahren einzuleiten, sofern eine Einigung auf gemeinsame Beauftragung eines Gutachters nicht möglich ist.

Abschnitt 5.3
Bohrungen, die aufgegeben werden müssen, werden bis zur erreichten Teufe abgerechnet, es sei denn, dass die Ursache der Auftragnehmer zu vertreten hat.

ATV DIN 18303 Verbauarbeiten
Abschnitt 3.1.5
Werden unvermutet Hohlräume oder Hindernisse angetroffen, z.B. Leitungen, Kabel, Dräne, Kanäle, Vermarkungen, Bauwerksreste, Blöcke, Wurzeln, ist dies dem Auftragnehmer unverzüglich mitzuteilen. Die erforderlichen Leistungen sind gemeinsam festzulegen. Diese Leistungen sind Besondere Leistungen (siehe Abschnitt 4.2.1).

Auch die Einstufung als Besondere Leistung stellt eine Risikozuweisungsregelung dar. Denn oftmals „bewegt" sich der Baugrund im Zusammenhang mit dem Ausbau von Verbauelementen und es entstehen Hohlräume. Dann stellen die Verfüllarbeiten Besondere Leistungen, mithin vom Auftraggeber zu vergüten, dar:

Gesetzliche und sonstige Regelungen zum Baugrund

Abschnitt 4.2.12
Verfüllen von Hohlräumen, verursacht durch das Ausbauen von Ausfachungselementen oder das Ziehen von Bohlen, Pfählen, Trägern, Rohren und dergleichen.

ATV DIN 18304 Ramm-, Rüttel- und Pressarbeiten

Abschnitt 3.1.7
Werden unvermutet Hohlräume oder Hindernisse angetroffen, z.B. Leitungen, Kabel, Dräne, Kanäle, Vermarkungen, Bauwerksreste, Blöcke, Wurzeln, ist dies dem Auftragnehmer unverzüglich mitzuteilen. Die erforderlichen Leistungen sind gemeinsam festzulegen. Diese Leistungen sind Besondere Leistungen (siehe Abschnitt 4.2.1).

Abschnitt 3.1.8
Auswirkungen des Einbringens oder Ziehens von Bauelementen auf die umliegende Bebauung, den Boden und die Bauelemente sind zu beobachten. Schäden, die Folgen des Einbringens oder Ziehens sein können, sind dem Auftraggeber unverzüglich mitzuteilen. Die notwendigen Leistungen hat der Auftragnehmer unverzüglich durchzuführen. Die weiteren Leistungen sind gemeinsam festzulegen. Die erbrachten sowie die weiteren Leistungen sind, soweit nicht vom Auftragnehmer zu vertreten, Besondere Leistungen (siehe Abschnitt 4.2.1).

Abschnitt 3.2.1
Stellt sich während der Ausführung heraus, dass die vorgegebenen Längen der Bauelemente zu kurz oder zu lang sind, ist dies dem Auftraggeber unverzüglich mitzuteilen. Die erforderlichen Leistungen sind, soweit nicht vom Auftragnehmer zu vertreten, Besondere Leistungen (siehe Abschnitt 4.2.1).

Abschnitt 3.2.2
Eine Beeinträchtigung der Leistung, z.B. durch
– wesentliches Abweichen von der vorgegebenen Lage oder Einbringtiefe,
– Beschädigung der Bauelemente oder Wände,
ist dem Auftraggeber unverzüglich mitzuteilen. Die erforderlichen Leistungen sind gemeinsam festzulegen. Die erbrachten sowie die weiteren Leistungen sind, soweit nicht vom Auftragnehmer zu vertreten, Besondere Leistungen (siehe Abschnitt 4.2.1).

Gesetzliche und sonstige Regelungen zum Baugrund

Abschnitt 3.2.3

Lassen sich Bauelemente wider Erwarten nicht oder nur unter erheblicher Beeinträchtigung der Umgebung oder unter beträchtlicher Beschädigung auf die vorgesehene Tiefe einbringen, ist dies dem Auftraggeber unverzüglich mitzuteilen. Die erforderlichen Leistungen sind gemeinsam festzulegen, z.B. Festlegen einer neuen Einbringtiefe, Kürzen der Bauelemente, Anwenden von Einbringhilfen. Diese Leistungen sind, soweit nicht vom Auftragnehmer zu vertreten, Besondere Leistungen (siehe Abschnitt 4.2.1).

Abschnitt 3.3.4

Maßabweichungen in Längsrichtung von Spundwänden durch Verformung der Bauelemente beim Einbringen oder durch Schlossspiel sind zulässig und zu berücksichtigen. Die erforderlichen Leistungen sind gemeinsam festzulegen. Diese Leistungen sind Besondere Leistungen (siehe Abschnitt 4.2.1).

Abschnitt 3.6.4

Können Bauelemente nicht wie vorgegeben gezogen werden, ist dies dem Auftraggeber unverzüglich mitzuteilen. Die erforderlichen Leistungen sind gemeinsam festzulegen. Die erbrachten sowie die weiteren Leistungen sind, soweit nicht vom Auftragnehmer zu vertreten, Besondere Leistungen (siehe Abschnitt 4.2.1).

Abschnitt 3.6.6

Bauelemente, die nicht ausgebaut werden können und daher ganz oder teilweise im Boden verbleiben, werden zum Zeitwert vergütet. Der Schrotterlös der ausgebauten Teile ist dabei zu berücksichtigen.

ATV DIN 18305 Wasserhaltungsarbeiten

Abschnitt 3.1.3

Boden- oder Wasserverhältnisse, die von den Angaben in der Leistungsbeschreibung ab- weichen, sind dem Auftraggeber unverzüglich mitzuteilen. Die erforderlichen Leistungen sind gemeinsam festzulegen. Diese Leistungen sind Besondere Leistungen (siehe Abschnitt 4.2.1).

Abschnitt 3.1.4

Ergibt sich die Gefahr des schädlichen Ansteigens des Grundwassers oder des hydraulischen Grundbruchs, hat der Auftragnehmer unverzüglich die notwendigen Leistungen zur Verhütung von Schäden durchzuführen und den Auftraggeber zu verständigen. Die weiteren Leistungen zur Verhü-

tung oder Beseitigung von Schäden sind gemeinsam festzulegen. Die erbrachten sowie die weiteren Leistungen sind Besondere Leistungen (siehe Abschnitt 4.2.1).

Abschnitt 3.3.2
Werden Quellen angetroffen, so ist gemeinsam festzulegen, wie diese zu fassen sind und wie das Wasser abzuleiten ist. Die erforderlichen Leistungen sind Besondere Leistungen (siehe Abschnitt 4.2.1).

Abschnitt 3.4.2
... Wenn Umstände auftreten, die ein schädigendes Ansteigen des Wassers möglich er- scheinen lassen, sind diese dem Auftraggeber unverzüglich mitzuteilen. Die erforderlichen Leistungen sind gemeinsam festzulegen. Diese Leistungen sind, soweit nicht vom Auftragnehmer zu vertreten, Besondere Leistungen (siehe Abschnitt 4.2.1).

ATV DIN 18306 Entwässerungskanalarbeiten

Abschnitt 3.3.2
Werden vorgegebene Anforderungen trotz geeigneter Verdichtungsgeräte, Arbeitsverfahren und Schichtdicken nicht erreicht, ist dies dem Auftraggeber unverzüglich mitzuteilen. Die erbrachten sowie die weiteren Leistungen sind, soweit nicht vom Auftragnehmer zu vertreten, Besondere Leistungen (siehe Abschnitt 4.2.1).

ATV DIN 18307 Druckrohrleitungsarbeiten außerhalb von Gebäuden

Abschnitt 3.2.4
Werden vorgegebene Anforderungen trotz geeigneter Verdichtungsgeräte, Arbeitsverfahren und Schichtdicken nicht erreicht, ist dies dem Auftraggeber unverzüglich mitzuteilen. Die erbrachten sowie die weiteren Leistungen sind, soweit nicht vom Auftragnehmer zu vertreten, Besondere Leistungen (siehe Abschnitt 4.2.1).

ATV DIN 18308 Drän- und Versickerarbeiten

Abschnitt 3.1.4
Wenn die Lage vorhandener Leitungen, Kabel, Dräne, Kanäle, Vermarkungen, Hindernisse und sonstiger baulicher Anlagen vor Ausführung der Arbeiten nicht angegeben werden kann, ist diese zu erkunden. Die erforderlichen Leistungen sind Besondere Leistungen (siehe Abschnitt 4.2.1).

Gesetzliche und sonstige Regelungen zum Baugrund

Abschnitt 3.1.5
Werden unvermutet Hohlräume oder Hindernisse angetroffen, z.B. Leitungen, Kabel, Dräne, Kanäle, Vermarkungen, Bauwerksreste, ist dies dem Auftraggeber unverzüglich mitzuteilen. Die erforderlichen Leistungen sind gemeinsam festzulegen. Diese Leistungen sind Besondere Leistungen (siehe Abschnitt 4.2.1).

ATV DIN 18311 Nassbaggerarbeiten

Abschnitt 3.1.4
Werden unvermutet Hindernisse, z.B. Leitungen, Kabel, Düker, Bauwerksreste, Wrackteile, Bodendenkmäler, Holzstämme, Stubben, angetroffen, ist die dem Auftraggeber unverzüglich mitzuteilen. Die erforderlichen Leistungen sind gemeinsam festzulegen. Diese Leistungen sind Besondere Leistungen (siehe Abschnitt 4.2.1).

Abschnitt 3.1.5
Ergibt sich während der Ausführung die Gefahr von Rutschungen, Ausfließen von Boden, Gelände- oder Grundbrüchen, ..., so sind diese Leistungen Besondere Leistungen (siehe Abschnitt 4.2.1).

Abschnitt 3.1.11
Reichen die vereinbarten Leistungen für das Beseitigen von Sickerwasser, Grundwasser, Stauwasser und dergleichen nicht aus, so sind die erforderlichen zusätzlichen Leistungen gemeinsam festzulegen. Diese Leistungen sind Besondere Leistungen (siehe Abschnitt 4.2.1).

Abschnitt 3.2.3
Werden von der Leistungsbeschreibung abweichende Bodenverhältnisse angetroffen oder treten Umstände ein, durch die die vereinbarten Maße nicht eingehalten werden können, so sind die erforderlichen Leistungen gemeinsam festzulegen. Diese Leistungen sind, soweit nicht vom Auftragnehmer zu vertreten, Besondere Leistungen (siehe Abschnitt 4.2.1).

ATV DIN 18312 Untertagebauarbeiten

Diese Norm enthält sehr viele vertraglich festgelegte Gebirgs- und Systemrisikoregelungen, die der Besonderheit dieser Bauleistungen gerecht werden:

Abschnitt 3.1.5
Werden unvermutete Hohlräume oder Hindernisse angetroffen, z.B. Leitungen, Kabel, Dräne, Kanäle, Vermarkungen, Bauwerksreste, ist dies dem Auftraggeber unverzüglich mitzuteilen. Die erforderlichen Leistun-

Gesetzliche und sonstige Regelungen zum Baugrund

gen sind gemeinsam festzulegen. Diese Leistungen sind Besondere Leistungen (siehe Abschnitt 4.2.1).

Abschnitt 3.1.6
Ergibt sich während der Ausführung die Gefahr von Verbrüchen, Ausfließen von Boden, Verlust von Stützflüssigkeit, Sohlhebungen, Wassereinbrüchen, Schäden an baulichen Anlagen und dergleichen, hat der Auftragnehmer unverzüglich die notwendigen Maßnahmen zur Verhütung von Schäden zu treffen und den Auftraggeber zu verständigen. Die erbrachten sowie die weiteren Leistungen sind, soweit nicht vom Auftragnehmer zu vertreten, Besondere Leistungen (siehe Abschnitt 4.2.1). Bereits eingetretene Schäden sind dem Auftraggeber unverzüglich anzuzeigen.

Abschnitt 3.3.6
Tritt durch die geologischen Verhältnisse ein nicht vermeidbarer Mehrausbruch auf, der die äußere Ausbruchstoleranz ta überschreitet und somit die vorgegebene LA-Linie überschreitet, ist dies dem Auftraggeber unverzüglich mitzuteilen. Die erforderlichen Leistungen sind Besondere Leistungen (siehe Abschnitt 4.2.1).

Abschnitt 3.3.7
Werden beim Ausbruch von der Leistungsbeschreibung abweichende Baugrundverhältnisse angetroffen und ist die Ausführung der Leistung in der vorgesehenen Weise nicht mehr möglich oder treten Umstände ein, durch die das vereinbarte Ausbruchssollprofil nicht eingehalten werden kann, ist dies dem Auftraggeber unverzüglich mitzuteilen. Die erforderlichen Leistungen sind Besondere Leistungen (siehe Abschnitt 4.2.1).

Abschnitt 3.7.3
Beim Vortrieb angetroffene Hohlräume, z.B. Klüfte, Karsthöhlen, sowie die durch nicht vermeidbaren, die angegebene Außentoleranz ta überschreitenden Mehrausbruch entstandenen Hohlräume sind, soweit notwendig, zu verfüllen. Diese Leistungen sind Besondere Leistungen (siehe Abschnitt 4.2.1).

ATV DIN 18313 Schlitzwandarbeiten

Diese ATV beinhaltet nahezu vollständige Baugrund- und Systemrisikoregelungen, die dem Auftraggeber das Risiko in Form der Bestimmungen, dass die jeweils erforderlichen Leistungen Besondere Leistungen sind, auferlegen. Selbstverständlich gilt hier: Die individuelle vertragliche Regelung muss immer geprüft werden. Die Regelungen der VOB/C sind der übliche

Gesetzliche und sonstige Regelungen zum Baugrund

Standard und beinhalten anerkannte Regeln der Technik. Dennoch sind die Bauvertragsparteien nicht gehindert, davon abweichende Regelungen ihrem jeweiligen Vertrag zugrunde zu legen und Risiken unter Umständen auch anders zu verteilen.

Abschnitt 3.1.6
Werden unvermutet Hohlräume oder Hindernisse angetroffen, z.B. Leitungen, Kabel, Dräne, Kanäle, Vermarkungen, Bauwerksreste, Blöcke, ist dies dem Auftraggeber unverzüglich mitzuteilen. Die erforderlichen Leistungen sind gemeinsam festzulegen. Diese Leistungen sind Besondere Leistungen (siehe Abschnitt 4.2.1).

Ist zu vermuten, dass es sich bei den Hindernissen um Kampfmittel handelt, müssen die Arbeiten sofort eingestellt und die zuständige Stelle sowie der Auftraggeber benachrichtigt werden. Die notwendigen Sicherungsleistungen hat der Auftragnehmer unverzüglich durchzuführen. Die erforderlichen Leistungen sind gemeinsam festzulegen. Die erbrachten sowie die weiteren Leistungen sind Besondere Leistungen (siehe Abschnitt 4.2.1).

Abschnitt 3.1.7
Werden Boden- oder Wasserverhältnisse angetroffen, die von den Angaben in der Leistungsbeschreibung abweichen, ist dies dem Auftraggeber unverzüglich mitzuteilen. Die erforderlichen Leistungen sind gemeinsam festzulegen. Diese Leistungen sind Besondere Leistungen (siehe Abschnitt 4.2.1).

Abschnitt 3.3.3
Stellt sich beim Abteufen der Schlitze heraus, dass die vorgegebenen Tiefen für die vorgesehene Funktion der Schlitzwand ungeeignet sind, hat der Auftragnehmer dies dem Auftraggeber unverzüglich mitzuteilen. Die erforderlichen Leistungen sind gemeinsam festzulegen. Diese Leistungen sind Besondere Leistungen (siehe Abschnitt 4.2.1).

Abschnitt 3.3.4
Sollen Schlitze in Schichten mit dichtender Funktion einbinden, ist es dem Auftraggeber unverzüglich mitzuteilen, wenn diese Schichten vor der vorgegebenen Tiefe erreicht oder mit dieser nicht erreicht werden. Die endgültige Tiefe bestimmt der Auftraggeber im Benehmen mit dem Auftragnehmer.

Abschnitt 3.3.5
Treten unvermutet Verluste an stützender Flüssigkeit auf, z.B. infolge Ausfließens aus dem Schlitz in unterirdische Hohlräume, sind die erforderli-

Gesetzliche und sonstige Regelungen zum Baugrund

chen Sicherungsmaßnahmen unverzüglich durchzuführen. Hierfür ist ein Mindestvorrat an Stützflüssigkeit vorzuhalten. Die erforderlichen Leistungen sind gemeinsam festzulegen. Die erbrachten sowie die weiteren Leistungen sind, soweit nicht vom Auftragnehmer zu vertreten, Besondere Leistungen (siehe Abschnitt 4.2.1).

Abschnitt 3.3.6
Ergeben sich Gefahren, z.B. durch Wasserandrang, Bodenauftrieb, Ausfließen von Boden, Rutschungen, plötzliches Absinken des Spiegels der stützenden Flüssigkeit, hat der Auftragnehmer unverzüglich die notwendigen Leistungen zur Verhütung von Schäden zu treffen und dies dem Auftraggeber unverzüglich mitzuteilen. Die erforderlichen Leistungen sind gemeinsam festzulegen. Die erbrachten sowie die weiteren Leistungen sind, soweit nicht vom Auftragnehmer zu vertreten, Besondere Leistungen (siehe Abschnitt 4.2.1).

Abschnitt 3.3.7
Wenn im Baugrund aus nicht vom Auftragnehmer zu vertretenden Gründen Aushubwerkzeuge oder Abschalelemente nicht mehr bewegt werden können oder kein Arbeitsfortschritt mehr erzielt werden kann, ist dies dem Auftraggeber unverzüglich mitzuteilen. Die erforderlichen Leistungen sind gemeinsam festzulegen. Die erbrachten sowie die weiteren Leistungen sind, soweit nicht vom Auftragnehmer zu vertreten, Besondere Leistungen (siehe Abschnitt 4.2.1).

Der Ersatz gegebenenfalls im Schlitz verbleibender Teile erfolgt zum Zeitwert.

ATV DIN 18319 Rohrvortriebsarbeiten
Abschnitt 3.1.3
Werden von der Leistungsbeschreibung abweichende Boden-, Fels- und Wasserverhältnisse angetroffen oder reichen die vereinbarten Maßnahmen für das Beseitigen von Wasser nicht aus, ist dies dem Auftraggeber unverzüglich mitzuteilen. Die erforderlichen Leistungen sind gemeinsam festzulegen. Diese Leistungen sind Besondere Leistungen (siehe Abschnitt 4.2.1).[3]

---

3 Dieser Abschnitt verdeutlicht einerseits die Kooperationspflicht der Vertragsparteien („gemeinsam"), andererseits aber wird vom Auftragnehmer die „unverzügliche", also sofortige (vgl. § 121 BGB) Mitteilung verlangt (die aus Beweisgründen, aber auch mit Blick auf die strenge Regelung des § 4 Abs. 3 VOB/B (Bedenkenanmeldung), stets schriftlich und mit Zugangsnachweis erfolgen sollte), dass „abweichende" Baugrundverhältnisse angetroffen

Gesetzliche und sonstige Regelungen zum Baugrund

Abschnitt 3.1.5
Ergibt sich während der Ausführung die Gefahr von Verbrüchen, Ausfließen von Boden, Wassereinbrüchen, Druckluftausbläsern, Verlust oder Austritt von Stützflüssigkeit oder Gleit- und Stützmitteln, Vortriebshebungen, Schäden an Vortriebsrohren, baulichen Anlagen, Vortriebsmaschinen oder Abbauwerkzeugen, hat der Auftragnehmer unverzüglich die notwendigen Leistungen zur Verhütung von Schäden durchzuführen und die Gefährdung sowie bereits eingetretene Schäden dem Auftraggeber unverzüglich mitzuteilen. Die weiteren Leistungen sind gemeinsam festzulegen. Die erbrachten sowie die weiteren Leistungen sind, soweit nicht vom Auftragnehmer zu vertreten, Besondere Leistungen (siehe Abschnitt 4.2.1).

Abschnitt 3.1.7
Werden unvermutet Hohlräume oder Hindernisse angetroffen, z.B. Leitungen, Kabel, Dräne, Vermarkungen, Bauwerksreste, Holz, natürliche Körnungen entsprechend Tabelle 2, ist dies dem Auftraggeber unverzüglich mitzuteilen. Die erforderlichen Leistungen sind gemeinsam festzulegen. Diese Leistungen sind Besondere Leistungen (siehe Abschnitt 4.2.1).

Abschnitt 5.4
Vortriebe, die aufgegeben werden müssen, werden entsprechend der erreichten Vortriebsstrecken gerechnet, es sei denn, dass die Ursache der Auftragnehmer zu vertreten hat.

ATV DIN 18320 Landschaftsbauarbeiten
Abschnitt 3.1.4
Werden nicht angegebene Leitungen, Kabel, Dräne, Kanäle, Bauwerksreste, Vermarkungen, Hindernisse und dergleichen angetroffen, ist der Auftraggeber unverzüglich darüber zu unterrichten. Leistungen für zu treffende Maßnahmen sind Besondere Leistungen (siehe Abschnitt 4.2.1).

---

wurden. Das Problem liegt hier oft in der Feststellung, inwieweit „von der Leistungsbeschreibung" abweichende Verhältnisse vorliegen: Wurde z.B. nur eine pauschale bzw. „umfassende" („Boden- und Felsklassen gemäß ATV DIN 18319") Beschreibung der Bodenverhältnisse vorgegeben, dann ist eine „Abweichung" kaum feststellbar – auch wenn eine solche Leistungsbeschreibung gegen die Vorgaben des § 7 VOB/A verstößt. Es ist deshalb in allen Fällen, in denen ein Auftragnehmer eine „Abweichung" reklamiert, dringend notwendig, sofort – nach Möglichkeit im Einvernehmen mit dem Auftraggeber – einen Baugrund-Sachverständigen einzuschalten und ein gerichtliches Beweisverfahren einzuleiten, sofern eine Einigung auf gemeinsame Beauftragung eines Gutachters nicht möglich ist.

ATV DIN 18321 Düsenstrahlarbeiten

Abschnitt 3.2.2

Werden die Zielgrößen des Düsvorgangs nicht erreicht, ist der Auftraggeber unverzüglich zu unterrichten. Die erforderlichen Leistungen sind gemeinsam festzulegen. Diese sind, soweit nicht vom Auftragnehmer zu vertreten, Besondere Leistungen (Abschnitt 4.2.1).

Abschnitt 3.2.4

Treten unvermutete Verluste an Suspension auf, z.B. infolge Ausfließens in unterirdische Hohlräume, sind die erforderlichen Leistungen unverzüglich durchzuführen. Die erforderlichen Leistungen sind gemeinsam festzulegen. Die erbrachten sowie die weiteren Leistungen sind, soweit nicht vom Auftragnehmer zu vertreten, Besondere Leistungen (siehe Abschnitt 4.2.1).

ATV DIN 18322 Kabelleitungstiefbauarbeiten

Abschnitt 3.1.4

Werden unvermutet Hindernisse angetroffen, z.B. Leitungen, Kabel, Dräne, Kanäle, Vermarkungen, Bauwerksreste, Bauwerksteile, ist dies dem Auftraggeber unverzüglich mitzuteilen. Die erforderlichen Leistungen sind gemeinsam festzulegen. Diese Leistungen sind Besondere Leistungen (siehe Abschnitt 4.2.1).

Abschnitt 3.1.8

Abweichungen von vereinbarten Maßen sind dem Auftraggeber unverzüglich mitzuteilen. Die erforderlichen Leistungen sind gemeinsam festzulegen. Diese Leistungen sind, soweit nicht vom Auftragnehmer zu vertreten, Besondere Leistungen (siehe Abschnitt 4.2.1).

Abschnitt 3.1.9

Ergibt sich während der Ausführung die Gefahr von Verbrüchen, Ausfließen von Boden, Wassereinbrüchen, Schäden an baulichen Anlagen und dergleichen, hat der Auftragnehmer unverzüglich die notwendigen Leistungen zur Verhütung von Schäden durchzuführen und den Auftraggeber zu verständigen. Bereits eingetretene Schäden sind dem Auftraggeber unverzüglich mitzuteilen. Die weiteren Leistungen sind gemeinsam festzulegen.

Die erbrachten und die weiteren Leistungen sind, soweit nicht vom Auftragnehmer zu vertreten, Besondere Leistungen (siehe Abschnitt 4.2.1).

Gesetzliche und sonstige Regelungen zum Baugrund

ATV DIN 18323 Kampfmittelräumarbeiten

Abschnitt 3.2.1.4
Werden unvermutet Hindernisse, z.b. nicht angegebene Leitungen, Kabel, Dräne, Kanäle, Vermarkungen, Bauwerksreste, angetroffen, ist dies dem Auftraggeber unverzüglich mitzuteilen. Die erforderlichen Leistungen sind gemeinsam festzulegen. Diese Leistungen sind Besondere Leistungen (siehe Abschnitt 4.2.1).

ATV DIN 18324 Horizontalspülbohrarbeiten

Abschnitt 3.1.4
Werden von der Leistungsbeschreibung abweichende Baugrundverhältnisse angetroffen, ist dies dem Auftraggeber unverzüglich mitzuteilen. Die erforderlichen Leistungen sind gemeinsam festzulegen. Diese Leistungen sind Besondere Leistungen (siehe Abschnitt 4.2.1).

Abschnitt 3.1.7
Ergibt sich aus den Feststellungen aus 3.1.6 die Gefahr von Verbrüchen, Wassereinbrüchen, Geländehebungen, Schäden an den einzuziehenden Leitungen oder an baulichen Anlagen, hat der Auftragnehmer unverzüglich die notwendigen Leistungen zur Verhütung von Schäden durchzuführen und den Auftraggeber unverzüglich zu verständigen. Bereits eingetretene Schäden hat er dem Auftraggeber unverzüglich mitzuteilen. Die weiteren Leistungen sind gemeinsam festzulegen. Die erbrachten sowie die weiteren Leistungen sind, soweit nicht vom Auftragnehmer zu vertreten, Besondere Leistungen (siehe Abschnitt 4.2.1).

Abschnitt 3.3.1
Wenn im Baugrund unvermutet Hindernisse angetroffen werden oder Bohrrohre, Bohrgestänge oder Bohrwerkzeuge nicht mehr bewegt werden können oder kein Bohrfortschritt erzielt werden kann, ist dies dem Auftraggeber unverzüglich mitzuteilen. Die notwendigen Sicherungsleistungen hat der Auftragnehmer unverzüglich durchzuführen. Die erforderlichen Leistungen sind gemeinsam festzulegen. Diese Leistungen sind, soweit nicht vom Auftragnehmer zu vertreten, Besondere Leistungen (siehe Abschnitt 4.2.1).

Abschnitt 3.3.3
Muss die Horizontalbohrung abgebrochen werden, so hat der Auftragnehmer dies dem Auftraggeber unverzüglich anzuzeigen. Die weiteren Leistungen sind gemeinsam festzulegen. Die erforderlichen Leistungen und der Ersatz der im Bohrloch ganz oder teilweise verbleibenden Geräte

Gesetzliche und sonstige Regelungen zum Baugrund

und Teile, z.B. Bohrrohre, Bohrgestänge, Bohrwerkzeuge, sind Besondere Leistungen, es sei denn, dass der Auftragnehmer die Ursache zu vertreten hat (siehe Abschnitt 4.2.1).
Der Ersatz im Bohrloch verbleibender Teile erfolgt nach dem Zeitwert.

Abschnitt 3.4
Die Leitungen sind unmittelbar nach der Fertigstellung des Bohrlochs unter Einhaltung der zulässigen Zugkräfte und Biegeradien einzuziehen. Falls erforderlich, sind Leitungen vor und/oder während des Einzugs zu ballastieren.

Lassen sie sich nicht ziehen oder werden sie während des Einzugs sichtbar beschädigt, so hat der Auftragnehmer dies dem Auftraggeber unverzüglich anzuzeigen. Die erforderlichen Leistungen sind gemeinsam festzulegen. Diese Leistungen sind, soweit nicht vom Auftragnehmer zu vertreten, Besondere Leistungen (siehe Abschnitt 4.2.1).

Abschnitt 5.4
Bohrungen und Bohrlochverrohrungen, die aufgegeben werden müssen, werden entsprechend dem erreichten Bohrfortschritt bzw. der erreichten Rohrlänge gemessen.

IV. Die richtige Anwendung der VOB/C-Regelungen zur Risikozuweisung

Die rechtsdogmatischen, zum Teil interessenorientierten Ausführungen zur Frage, ob nun die Auftraggeber- oder Auftragnehmerseite die Risiken im Zusammenhang mit Arbeiten auf, in und mit dem Baugrund zu tragen hat, füllen inzwischen Bände. Gleichgültig, ob es sich dabei um Urteile, Aufsätze, Dissertationen, Monographien, Kommentare oder Handbücher handelt bzw. im Rahmen von Vorträgen, Vorlesungen oder Kurzreferaten die Thematik aufgegriffen und einem „Ergebnis" zugeführt wird: Immer wieder ist dabei festzustellen, dass ohne jedwede Berücksichtigung der Bedeutung und des Inhalts der VOB Teil C Argumente angeführt werden, die bei einem Nachvollzug der VOB-Regelungen und der vertragsrechtlichen Umsetzung anders zur Anwendung zu bringen wären.

Dabei ist der Weg zum Auffinden der richtigen, da vereinbarten, Baugrundrisiko- bzw. Systemrisikoregelung gut nachvollziehbar: Dies ist zunächst hinsichtlich eines Bauvertrags, der von einem öffentlichen Auftraggeber gemäß §§ 98 ff. GWB nach den Regeln der VOB Teil A abzuschließen ist, wie folgt zu erklären:

Gesetzliche und sonstige Regelungen zum Baugrund

Die VOB Teile B und C müssen dem Vertrag zugrunde gelegt werden. Dies schreibt die VOB Teil A (Ausgabe 2016) in § 8a Abs. 1 (bzw. § 8a EU Abs. 1) so vor:

„In den Vergabeunterlagen ist vorzuschreiben, dass die Allgemeinen Vertragsbedingungen für die Ausführung von Bauleistungen (VOB/B) und die Allgemeinen Technischen Vertragsbedingungen für Bauleistungen (VOB/C) Bestandteile des Vertrags werden."

Damit ist klargestellt: Die VOB Teil B regelt die wesentlichen Vertragsrechte und -pflichten der Bauvertragsparteien, wobei gemäß § 1 Abs. 1 Satz 2 VOB/B ausdrücklich (nochmals) klargestellt wird, dass auch die VOB/C Vertragsbestandteil ist. Das bedeutet: Sofern, z.b. bei der Abrechnung/Vergütung, die VOB/C in Abschnitt 5 eine Abrechnungsregelung vorgibt, ist diese vorrangig vor der VOB Teil B vereinbart, allerdings immer nachrangig hinter einer konkreten Einzelfallregelung im Bauvertrag.

Der Vertragsinhalt der VOB/B mit VOB/C darf nicht geändert, sondern allenfalls ergänzt werden. Ergänzen umfasst gerade nicht ein Ändern. Diese Vorgabe ergibt sich aus § 8a Abs. 2 bzw. § 8a EU Abs. 2 bzw. Absatz 3 VOB Teil A. Diese geben für die VOB/C ausdrücklich vor:

„Die Allgemeinen Technischen Vertragsbedingungen bleiben grundsätzlich unverändert. Sie können von Auftraggebern, die ständig Bauleistungen vergeben, für die bei ihnen allgemein gegebenen Verhältnisse durch Zusätzliche Technische Vertragsbedingungen ergänzt werden. Für die Erfordernisse des Einzelfalles sind Ergänzungen und Änderungen in der Leistungsbeschreibung festzulegen."

Damit ist klargestellt, dass der Inhalt der VOB/B und der VOB/C, wie er in der jeweils aktuellen Vertragsausgabe vereinbart worden ist, nicht abgeändert werden darf. Genau dies versuchen Auftraggeber jedoch in der Praxis, indem z.b. zum Teil verklausulierte „Risikozuweisungen" in das Leistungsverzeichnis, in Vorbemerkungen oder auch in den Bauvertrag unmittelbar aufgenommen werden. Mit derartigen Änderungsversuchen konterkariert ein öffentlicher Auftraggeber Sinn und Zweck der Ausschreibungsvorgaben, die vom Deutschen Vergabe- und Vertragsausschuss entwickelt werden. Denn in allen Regelungen der VOB Teil C spielt das Fairness- und Ausgewogenheitsprinzip eine maßgebende Rolle. Und dementsprechend finden sich in den einschlägigen Tiefbaunormen mit Baugrundbezug ohne Einschränkung – wie die vorstehende Übersicht zu den Normen zeigt – Risikozuweisungen an den Auftraggeber. Denn er hat nicht nur den Baugrund denknotwendig für die Ausführung von Bauleistungen zur Verfügung zu stellen, sondern ihm stehen auch alle Möglichkeiten zur Verfügung, „sei-

Gesetzliche und sonstige Regelungen zum Baugrund

nen" Baugrund nach den Regeln der Technik, insbesondere den maßgeblichen Normen des Eurocode 7 (DIN EN 1997-2 mit Ergänzungsnorm DIN 4020 und Nationalem Anhang), gründlich untersuchen und die dabei ermittelten Ergebnisse analysieren und aufbereiten zu lassen. Damit verfügt der Auftraggeber über die notwendige, unerlässliche Kenntnis „seiner" Baugrundverhältnisse. Dass diese Kenntnisse niemals als vollständig gesichert gelten können, weil Baugrund mit allen erdgeschichtlichen Vorgängen nicht vollständig erschlossen werden kann und damit immer nur Stichproben mit Wahrscheinlichkeitsschlussfolgerungen für die zwischenliegenden Bereiche gezogen werden können, bedarf an dieser Stelle keiner weiteren Erklärung.

Wenn also die Risikoregelungen nicht geändert werden dürfen und wenn man die Rechtsprechung des BGH berücksichtigt, wonach bei der Auslegung eines Vertrages mit einem öffentlichen Auftraggeber stets davon auszugehen ist, dass sich die öffentliche Hand an die eigenen Ausschreibungsvorgaben halten will (das Stichwort heißt „vergaberechtskonforme Auslegung einer Ausschreibung"), dann steht fest: Gleichgültig, wie der Wortlaut einer (unzulässig von den VOB-A-Vorgaben abweichenden) Ausschreibung lautet, es gilt, was in der VOB Teil C vorgegeben und damit vertraglich vereinbart ist. Die (kleine) Einschränkung der Vorrangigkeitsprüfung der Individualabrede muss dabei aber beachtet werden.

Alle einschlägigen ATV der VOB/C, die unmittelbar oder mittelbar Baugrundprobleme – wie Hindernisse, Grundbrüche, Bohrwerkzeugverlust – regeln, sind immer nach derselben dreistufigen Systematik aufgebaut (wobei im Einzelfall der Wortlaut der Formulierungen leicht variiert, aber auch hieran haben die Normungsausschüsse und insbesondere die Hauptausschüsse bereits intensiv gearbeitet):

Stufe 1
– Wenn ein Baugrundproblem auftritt, ist unverzüglich, § 121 BGB, also ohne schuldhaftes Zögern, dem Auftraggeber Mitteilung von dem Problem zu machen. Das ist nur konsequent, denn der Auftraggeber ist der „Herr der Baustelle". Er wird im weiteren Verlauf gegebenenfalls Einschränkungen oder Änderungen an der von ihm bestellten Bauleistung hinzunehmen haben und er wird gegebenenfalls auch weitreichende Entscheidungen zu treffen haben, welche sich auf die Funktionalität, auf die Bauweise und nicht zuletzt auch auf die Kosten und die Bauzeit auswirken werden.

Stufe 2
Die Stufe 2 wird nach der Systematik in zwei Unterstufen untergliedert, nennen wir sie 2a) und 2b):

Gesetzliche und sonstige Regelungen zum Baugrund

Stufe 2a
- Der Auftragnehmer muss die „Sofortmaßnahme" unverzüglich erledigen. Diese Maßnahmen zur Sicherung der Bauleistung, zur Abwendung einer „Gefahr im Verzug" müssen unverzüglich erledigt werden, damit die Baustelle und die Bauleistung gesichert sind. Dann können die Bauvertragsparteien auf diesem Status Quo aufbauend beraten und planen, gemeinsam Entscheidungen treffen und von dort aus dann die Bauleistungen wieder aufnehmen.

Stufe 2b
- Die Parteien haben jeweils gemeinsam die erforderlichen (*„weiteren"*) Leistungen festzulegen –, wobei der Auftraggeber als „Bauherr" auch in der Anordnungsverantwortung steht; hier ist die Mitwirkungsverpflichtung des Auftraggebers in den einzelnen Abschnitten 3 der jeweiligen VOB/C-Norm deutlich ausgeprägt; dies erfolgt hier deutlicher, als die VOB/B dies definiert. In der Baupraxis hat sich dieser von den Normungsausschüssen eingeführte Problemlösungsmechanismus als sehr erfolgreich herausgestellt, jedenfalls so lange, als beide Parteien ernsthaft an Problemlösungen mitarbeiten.

Stufe 3
- Die Leistungen nach Stufe 2a) und nach Stufe 2b) sind als Besondere Leistungen nach den jeweiligen Abschnitten 3 eingestuft. Dies bedeutet, dass der Auftraggeber diese Sofortmaßnahmen wie auch die weiteren Maßnahmen zu vergüten hat. Hier ist eine kleine Einschränkung bisweilen in der jeweiligen Regelung dahingehend enthalten, dass die Selbstverständlichkeit erwähnt wird, dass eine Vergütung nur stattfindet, wenn der Auftragnehmer die „Probleme" nicht bereits selbst verursacht hat. Das ist selbstverständlich: Hat der Auftragnehmer einen Mangel oder Schaden verursacht, muss er dafür geradestehen. Zwar wird es auch dann Abstimmungsbedarf zwischen den Parteien geben. Aber die Rechtsfolge in einem solchen Fall ist klar: Der Auftragnehmer muss den Mangel/Schaden in Ordnung bringen und die dafür anfallenden Kosten selbst tragen. Um diese Konstellation geht es in den Problemlösungsfällen der Abschnitte 3 (die hier dargestellte Systematik) aber nicht. Hier tritt ein Aspekt auf, der alle diese Fälle quasi als Klammer umfasst: nämlich dass etwas Unvorhergesehenes passiert. Dies können z.B. abweichende Bodenbedingungen sein oder ein unplanmäßiger übermäßiger Ausbruch gegenüber dem Soll-Ausbruchsprofil im Tunnelbau oder dergleichen Varianten mehr.

Maßgebliche Rechtsprechung zur VOB/C und zu ausgewählten Themen auch im Baugrund- und Tiefbaurechtsbereich

Die nachfolgenden Entscheidungen sind ausgewählte Auszüge aus maßgebenden Entscheidungen der letzten Jahre zu den Themenkreisen „VOB/C und ihre rechtliche Bedeutung" einerseits, zu den Themenkreisen „Baugrund- und Tiefbaurecht", „Kampfmittelrecht" bzw. „Kontaminationsrecht" andererseits. In allen diesen Entscheidungen fußt die rechtliche Begründung immer wieder auf den Regelungen der VOB Teil C, jenem überragend wichtigen Vertragswerk, das beinahe in jedem Bauvertrag, der in Deutschland abgeschlossen wird, enthalten ist. Das ist auch gut so, denn das Regelwerk beinhaltet eine solche Fülle an guten und brauchbaren Regelungen, dass davon auch Gebrauch gemacht werden muss. Dass es dennoch in der Praxis, auch bei Gericht, noch häufig unklar ist (für manche Beteiligte), dass die VOB/C, auch im Zusammenhang mit Boden und Fels, mit Bodenklassen und Homogenbereichen, umfassende Regelungen beinhaltet, mit denen (fast) alle Probleme gelöst werden können, ist dabei schon sehr bemerkenswert. Zum Einstieg zeigen wir deshalb eine Entscheidung, welche auch den Stellenwert der VOB Teil C besonders betont.

1. BGH, Urteil vom 27.7.2006 – VII ZR 202/04 (NZBau 2006, 777)

Tatbestand

Der Kl. macht […] nach vorzeitiger Vertragsbeendigung Restwerklohn geltend.

Die Bekl. beauftragten die Kl. 1994 mündlich auf der Grundlage eines schriftlichen Angebots vom 30.5.1994 mit der Modernisierung und Sanierung eines Handelsspeichers. Eine bestimmte Vergütung wurde nicht vereinbart. Nach dem Vortrag der Kl. ist die VOB/B einbezogen. Streitig ist, ob die Leistungen im angebotenen Umfang **vereinbart** wurden. Die Bekl. beauftragten die W. GmbH mit der Bauausführung und -überwachung. Der Umfang der von der Kl. erbrachten Leistungen wurde mit Ausnahme der im Januar 1995 ausgeführten Arbeiten durch gemeinsame Aufmaße festgestellt. Nachdem die Bekl. zunächst Abschlagszahlungen an die Kl. erbracht hatten, leisteten sie auf weitere Abschlagsrechnungen keine Zahlungen. Die Kl. stellte daraufhin ihre Arbeiten ein. Die Bekl. teilten mit, dass sie dies als Kündigung betrachteten. Sie ließen das Bauvorhaben durch Dritte fertigstellen. Die Kl. fordert nach Erstellung der Schlussrechnung restlichen Werklohn in Höhe von 705.912,55 DM. Die W. GmbH hat die Schlussrechnung geprüft und mit dem Vermerk „Fachtechnisch richtig; rechnerisch richtig" versehen.

Das LG hat die Klage zunächst mit der Begründung abgewiesen, die Kl. habe ihre Leistungen nicht prüfbar nach § 649 Satz 2 BGB abgerechnet. Die hiergegen gerichtete Berufung der Kl. hat das BerGer. zurückgewiesen. Auf die Revision der Kl. hat der Senat das Berufungsurteil aufgehoben und darauf hingewiesen, dass sich der Vergütungsanspruch der Kl. für erbrachte Leistungen nach § 632 BGB beurteile, ohne dass es einer Abrechnung über die nicht erbrachten Leistungen bedürfe.

Das BerGer. hat die Bekl. nach weiterer Beweisaufnahme zur Zahlung von 100.084,10 € (195.747,48 DM) verurteilt und die Klage im Übrigen abgewiesen. Der Senat hat die Revision der Kl. wegen Zahlung weiterer 88.806,96 € und Zinsen zugelassen. In diesem Umfang verfolgt sie ihren Werklohnanspruch gegen die Bekl. weiter.

Entscheidungsgründe: Die Revision ist begründet.

I.

Das BerGer. ist der Ansicht, der Kl. stehe ein Werklohnanspruch nur für die im Zeitraum Juli bis Dezember 1994 erbrachten Leistungen zu. Für die im Januar 1995 ausgeführten Arbeiten sei eine Vergütung nicht zuzusprechen. Da ein gemeinsames Aufmaß fehle, sei der Umfang der in diesem Zeitraum erbrachten Bauleistungen nicht sicher festzustellen. Dies gehe zu Lasten der Kl., die einen eindeutigen Nachweis für die von ihr erbrachten Leistungen zu führen habe.

Dies hält der rechtlichen Nachprüfung nicht stand.

Das BerGer. verkennt die Anforderungen an die Darlegungs- und Beweislast für den Fall, dass kein gemeinsames Aufmaß vorliegt und die Leistungen des Unternehmers wegen Nacharbeiten durch Drittunternehmer nicht mehr festgestellt werden können (a). Verkannt wird zudem, welche Bedeutung der Bestätigungsvermerk der Bekl. auf der Schlussrechnung hat (b).

Der für den Umfang der erbrachten Leistungen grundsätzlich darlegungs- und beweisbelastete Unternehmer genügt seiner Darlegungslast, sofern ein Aufmaß nicht mehr genommen werden kann, wenn er Tatsachen vorträgt, die dem Gericht die Möglichkeit eröffnen, gegebenenfalls mit Hilfe eines Sachverständigen die für die Errichtung des Bauvorhabens angefallene Min-

Maßgebliche Rechtsprechung zur VOB/C

destvergütung zu schätzen. Diesen Anforderungen genügt der Vortrag der Kl. Sie hat mit der Schlussrechnung Art und Umfang der erbrachten Leistungen hinreichend bezeichnet und hierfür Beweis angeboten. Dem ist das BerGer. fehlerhaft nicht nachgegangen.

Der Besteller ist grundsätzlich auch dann nicht gehindert, die vom Unternehmer einseitig ermittelten Mengen im Prozess zu bestreiten, wenn er zuvor die in der Schlussrechnung abgerechneten Mengen durch einen Prüfvermerk bestätigt hat. Hat der Besteller jedoch die einseitig ermittelten Massen des Unternehmers bestätigt und ist auf Grund nachfolgender Arbeiten eine Überprüfung dieser Mengen nicht mehr möglich, muss der Besteller zum Umfang der von ihm zugestandenen Mengen vortragen und beweisen, dass diese nicht zutreffen.

Danach trifft die Bekl., soweit nach der Bestätigung der ermittelten Massen eine Überprüfung unmöglich wurde, die Darlegungs- und Beweislast dafür, dass die von ihnen auf der Schlussrechnung bestätigten Mengen zu den Positionen 1.116.028 (befallene Holzkonstruktion im 1. – 4. Dachgeschoss ausbauen) und 1.116.030 (Bauholz abbinden) unzutreffend sind. Sie tragen ferner die Beweislast dafür, dass ein Vergütungsanspruch der Kl. für Erdarbeiten der Firma R. in dem nach Prüfung der Schlussrechnung bestätigten Umfang von 17.778,87 DM nicht oder nicht in dieser Höhe besteht. Die mit der Bauaufsicht und -überwachung beauftragte W. GmbH hat die Schlussrechnung der Kl. für die Bekl. geprüft und mit dem Prüfvermerk versehen. Sie hat in der von ihr geprüften Schlussrechnung für die bezeichneten Zimmererarbeiten bestimmte Mengenansätze bestätigt. Den für die Ausführung von Erdarbeiten in Rechnung gestellten Betrag hat sie ihrer Berechnung der noch offen Schlussforderung zugrunde gelegt. Ein gemeinsames Aufmaß für die bezeichneten Leistungspositionen fehlt. In welchem Umfang die Kl. Leistungen erbracht hat, kann im Nachhinein nicht mehr überprüft werden, weil der Ausbau des Objekts durch Drittfirmen abgeschlossen ist. Das BerGer. trifft keine Feststellungen dazu, ob und inwieweit die von den Bekl. auf der Schlussrechnung bestätigten Mengen zu den streitigen Leistungspositionen unzutreffend sind. Ebenso fehlen Feststellungen dazu, ob die in Rechnung gestellten Kosten für Erdarbeiten der Firma R. in dem von der W. GmbH bestätigten Umfang berechtigt sind.

Soweit die Kl. darüber hinaus die Zahlung eines Generalplaneraufschlags verlangt, hat sie darzulegen und zu beweisen, dass sie nach der Vereinbarung mit den Bekl. berechtigt war, diese Leistung mit einem entsprechenden Aufschlag abzurechnen.

Maßgebliche Rechtsprechung zur VOB/C

Daher kann auf der Grundlage der bisherigen Feststellungen die Klageabweisung hinsichtlich des von der Revision für die Zimmerarbeiten in Höhe von 1.409,35 € und für die Erdarbeiten in Höhe von 13.008,67 € beanspruchten Betrags nicht aufrechterhalten werden.

II.

Das BerGer. meint, die Kl. könne eine Vergütung für die von der Firma G. als Subunternehmerin ausgeführten Dacharbeiten nicht beanspruchen. Der Umfang der erbrachten Leistungen sei weder durch ein gemeinsames Aufmaß nachgewiesen noch anderweitig schlüssig dargelegt. Die Vernehmung des Zeugen G. stelle sich als unzulässige Ausforschung dar, zumal die Kl. für sich in Anspruch nehme, selbst Arbeiten ausgeführt zu haben.

Dagegen wendet sich die Revision mit Erfolg.

Die Kl. hat den Umfang der erbrachten Dacharbeiten durch Bezugnahme auf die Rechnung der Firma G. vom 20.12.1994, in der die abgerechneten Leistungen im Einzelnen bezeichnet sind, hinreichend dargelegt. Das BerGer. überspannt die an eine schlüssige Darlegung zu stellenden Anforderungen, wenn es darüber hinaus weiteren Vortrag der Kl. zu den von dieser selbst ausgeführten Leistungen für erforderlich hält. Aus der vorgelegten Rechnung lässt sich ohne weiteres ersehen, welche Rechnungspositionen Leistungen der Firma G. betreffen. Die Kl. hat lediglich den Vergütungsbetrag für die Leistungsposition 1 (alte Dachlattung aufnehmen und entsorgen) gestrichen und mit dem Zusatz versehen „Leistung wurde von I. (Anm.: der Kl.) ausgeführt". Weiteren Vorbringens bedurfte es daneben nicht.

Unzutreffend ist auch die weitere Erwägung des BerGer., der für den Umfang der erbrachten Arbeiten angebotene Beweis sei ein unzulässiger Ausforschungsbeweis.

Von einer Ausforschung kann nur die Rede sein, wenn die beweisbelastete Partei ohne greifbare Anhaltspunkte für das Vorliegen eines bestimmten Sachverhalts willkürliche Behauptungen aufs Geratewohl oder ins Blaue hinein aufstellt, um durch die Beweisaufnahme beweiserhebliche Tatsachen erst zu erfahren und sie dann zur Grundlage ihres Parteivortrags zu machen. Diese Voraussetzungen sind nicht gegeben. Das Beweisangebot der Kl. ist auf den aus der Rechnung ersichtlichen Leistungsumfang der Firma G. und damit auf eine konkrete Tatsache bezogen. Die von der Firma G. und der Kl. erbrachten Leistungen können eindeutig voneinander abgegrenzt werden.

Insoweit kann es bisher bei der Klageabweisung in Höhe von 7.740,54 € wegen der Dacharbeiten nicht verbleiben.

Maßgebliche Rechtsprechung zur VOB/C

III.

Das BerGer. führt aus, ein Vergütungsanspruch der Kl. für Gerüstbaukosten bestehe nicht, weil es sich um eine Nebenleistung handele, die mit dem vereinbarten oder üblichen Werklohn abgegolten sei. Zudem habe sie den Beweis, dass die Gerüstarbeiten erbracht worden seien, nicht geführt.

Dies hält der rechtlichen Nachprüfung nicht stand.

Das BerGer. nimmt ohne tragfähige Begründung an, dass insofern nicht vergütungspflichtige Nebenleistungen vorliegen.

Für die Abgrenzung, welche Arbeiten von der vertraglich vereinbarten Leistung erfasst sind und welche Leistungen zusätzlich zu vergüten sind, kommt es auf den Inhalt der Leistungsbeschreibung an. Welche Leistungen durch die Leistungsbeschreibung erfasst sind, ist durch Auslegung der vertraglichen Vereinbarung der Parteien zu ermitteln, § 133 BGB, § 157 BGB. Dabei ist das gesamte Vertragswerk zugrunde zu legen. Haben die Parteien die Geltung der VOB/B vereinbart, gehören hierzu auch die Allgemeinen Technischen Bestimmungen für Bauleistungen, VOB/C (Kniffka/Koeble, Kompendium des Baurechts, 2. Auflage, 5. Teil Rn. 84). Insoweit wird auch Abschnitt 4 der Allgemeinen Technischen Vertragsbestimmungen Vertragsbestandteil und ist bei der Auslegung der geschuldeten Leistung zu berücksichtigen. Soweit die Entscheidung des Senats vom 28.2.2002 (BGH AZ VII ZR 376/00, a.a.O.) anders verstanden werden könnte, wird dies im eben dargelegten Sinne klargestellt.

Davon zu trennen ist die Frage, welche Leistungen nach den technischen Gegebenheiten zur Herstellung des Werks erforderlich sind. Ist die Funktionstauglichkeit für den vertraglich vorausgesetzten oder gewöhnlichen Gebrauch versprochen und ist dieser Erfolg mit der vertraglich vereinbarten Ausführungsart nicht zu erreichen, dann schuldet der Auftragnehmer die vereinbarte Funktionstauglichkeit (BGH, Urteil vom 16.7.1998 – BGH AZ VII ZR 350/96, BGHZ 139, 244, 247 m.w.N.). Unabhängig davon schuldet der Auftragnehmer vorbehaltlich abweichender Vereinbarung die Einhaltung der anerkannten Regeln der Technik. Haben die Vertragsparteien auf Anregung des Auftraggebers oder des Auftragnehmers eine bestimmte Ausführungsart zum Gegenstand des Vertrages gemacht, dann umfasst, sofern die Kalkulation des Werklohnes nicht nur auf den Vorstellungen des Auftragnehmers beruht, der vereinbarte Werklohn nur die vereinbarte Herstellungsart. Zusatzarbeiten, die für den geschuldeten Erfolg erforderlich sind, hat der Auftraggeber dann gesondert zu vergüten. Führt der Auftragnehmer unter diesen Umständen lediglich die vereinbarte Ausführungsart aus,

Maßgebliche Rechtsprechung zur VOB/C

dann ist die Leistung mangelhaft. Die ihm bei mangelfreier Leistung für die erforderlichen Zusatzarbeiten zustehenden Zusatzvergütungen können im Rahmen der Gewährleistung als „Sowieso-Kosten" berücksichtigt werden.

Das BerGer. trifft keine Feststellungen dazu, ob die Kl. die Ausführung von Gerüstbauarbeiten nach der vertraglichen Vereinbarung ohne zusätzliche Vergütung schuldete. Zugunsten der Kl. ist in der Revision davon auszugehen, dass die Gerüstarbeiten von der ursprünglichen Vergütung nicht erfasst waren. Der Umstand, dass Gerüstbauarbeiten im Angebot der Kl. vom 30.5.1994 nicht erwähnt sind, rechtfertigt allein nicht die Annahme, diese seien in den angesetzten Einheitspreisen enthalten. Die Kl. hat in einem früheren Angebot vom April 1994 ausdrücklich darauf hingewiesen, dass Gerüstarbeiten als Zusatzleistung in Rechnung gestellt würden.

Haben die Parteien die Geltung der VOB/B vereinbart und gelten deswegen gemäß § 1 Nummer 1 Satz 2 VOB/B die Allgemeinen Technischen Vertragsbedingungen für Bauleistungen, sind die geltend gemachten Gerüstarbeiten keine von der vertraglichen Vergütung erfassten Nebenleistungen. Die von der Kl. in Rechnung gestellten Dacharbeiten der Firma G. betreffen die Einlattung der Dachfläche und die Anbringung einer Unterspannbahn. Nach der dafür gemäß DIN 18338 1.1 (Ausgabe 1992) für Dachdeckungs- und Dachdichtungsarbeiten geltenden DIN 18334 (Ausgabe 1992) für Zimmer- und Holzarbeiten ist nur das Auf- und Abbauen sowie das Vorhalten der Gerüste mit einer Arbeitshöhe bis zu 2 m als nicht gesondert zu vergütende Nebenleistung anzusehen (DIN 18334 Nr. 4.1.1, DIN 18299 Nr. 4.1 – Ausgabe 1992). Das BerGer. hat zum Umfang der Gerüsterstellung keine Feststellungen getroffen. Zugunsten der Kl. ist in der Revision davon auszugehen, dass Gerüste mit einer Arbeitshöhe von über 2 m verwendet worden sind.

Soweit das BerGer. darauf abstellt, jedenfalls sei der Beweis für die Gerüstbauarbeiten nicht geführt, rügt die Kl. zu Recht, dass das BerGer. den hierzu angebotenen Beweis nicht vollständig erhoben hat.

Mit der bisherigen Begründung kann die Klageabweisung in Höhe von 17.445,45 € daher keinen Bestand haben.

IV.

Das BerGer. ist der Auffassung, dass ein Vergütungsanspruch der Kl. für die Kosten eines Baugrundgutachtens und einer Tragwerksplanung nicht bestehe. Die Kl. lege nicht dar, dass diese Leistungen von den Bekl. in Auftrag gegeben worden und im erbrachten Umfang verwertbar gewesen seien.

Dies gehe zu ihren Lasten, da sie für Vorleistungen der geschuldeten Sanierung nach allgemeinen werkvertraglichen Grundsätzen das wirtschaftliche Risiko trage.

Die dagegen gerichteten Angriffe der Revision haben Erfolg.

Die Kl. hat die Voraussetzungen eines Vergütungsanspruchs für eine von ihr erbrachte Tragwerksplanung schlüssig vorgetragen. Sie hat substantiiert dargelegt, dass sie von den Bekl. mit der Tragwerksplanung beauftragt worden ist, und dazu ein schriftliches Angebot vom 20.9.1994 vorgelegt. Für diese Behauptung hat sie die Vernehmung ihres ehemaligen Geschäftsführers L. als Zeugen angeboten. Einwendungen gegen die Verwertbarkeit wegen verzögerter Vorlage der Planung haben die Bekl. vorzutragen und gegebenenfalls zu beweisen.

Nicht gefolgt werden kann der hinsichtlich der Erstattung der Kosten des Baugrundgutachtens vom BerGer. vertretenen Ansicht, dass der Unternehmer nach allgemeinen werkvertraglichen Grundsätzen das Risiko für die Kosten eines von der Baugenehmigungsbehörde angeforderten Baugrundgutachtens zu tragen habe. Welche Leistungen der Unternehmer nach dem Vertrag zu erbringen hat, ist durch Auslegung der vertraglichen Vereinbarung der Parteien zu ermitteln. Sofern der Unternehmer danach Arbeiten an einem Grundstück des Bestellers auszuführen hat, ist es grundsätzlich Sache des Bestellers, dafür Sorge zu tragen, dass die für die Bauausführung erforderlichen rechtlichen Voraussetzungen vorliegen. Dass die Kl. nach der vertraglichen Vereinbarung das Risiko der Genehmigungsfähigkeit des Bauvorhabens übernommen hatte, hat das BerGer. nicht festgestellt. Soweit hinsichtlich des Baugrundgutachtens eine vertragliche Vereinbarung fehlt, kommen Ansprüche der Kl. nach § 677 BGB, § 683 BGB und § 670 BGB in Betracht.

Danach kann die Klageabweisung in Höhe von 36.061,47 € nicht aufrechterhalten werden.

V.

Das BerGer. hält einen Vergütungsanspruch der Kl. für die von der Firma H. in Rechnung gestellte Anzahlung für einen Personenaufzug für unbegründet, weil der Aufzug nicht eingebaut worden sei. Die Kl. habe außerdem nicht dargetan, ob und wann sie mit dem Einbau des in der Rechnung der Firma H. erwähnten Kleingüteraufzugs beauftragt worden sei.

Dies beanstandet die Revision zu Recht.

Maßgebliche Rechtsprechung zur VOB/C

Ein Vergütungsanspruch der Kl. ist auf der Grundlage der getroffenen Feststellungen nicht deswegen ausgeschlossen, weil der Personenaufzug nicht eingebaut worden ist.

Die Kl. kann einen Werklohnanspruch allerdings nicht auf § 631 Absatz I BGB, § 632 BGB stützen. Sie hat die geschuldete Leistung unstreitig nicht erbracht.

Das BerGer. hat jedoch fehlerhaft nicht geprüft, ob die Kl. die Erstattung dieser Kosten als Teil der Vergütung für nicht erbrachte Leistungen beanspruchen kann.

Der Unternehmer ist, wenn der Vertrag wegen einer vom Besteller zu vertretenden Vertragsverletzung vorzeitig beendet wird, berechtigt, eine Vergütung für nicht erbrachte Leistungen unter Abzug ersparter Aufwendungen und eines durch die anderweitige Verwendung seiner Arbeitskraft zu erzielenden Erwerbs zu verlangen.

Dass die Kl. in Höhe der geleisteten Anzahlung infolge der Vertragsbeendigung keine Aufwendungen erspart hat, stellen die Bekl. nicht in Abrede. Der Besteller kann die Vertragsbeendigung zu vertreten haben, wenn sie darauf beruht, dass er einer berechtigten Forderung des Unternehmers nach Abschlagszahlungen nicht nachkommt. Das BerGer. hat hierzu keine Feststellungen getroffen, sondern offen gelassen, aus welchen Gründen der Vertrag beendet worden ist. Für die Revision ist zugunsten der Kl. davon auszugehen, dass die Vertragsbeendigung von den Bekl. zu vertreten ist.

Das BerGer. ist nicht im Hinblick auf das in dieser Sache ergangene Urteil des Senats vom 30.9.1999 (BGH AZ VII ZR 250/98) gemäß § 565 Absatz II ZPO in der bis zum 31.12.2001 geltenden Fassung in Verbindung mit § 26 Nummer 5 EGZPO gehindert, der Kl. eine Vergütung für nicht erbrachte Leistungen zuzuerkennen. Die vom Senat geäußerte Rechtsauffassung, die Kl. mache lediglich einen Werklohnanspruch für erbrachte Leistungen nach § 632 BGB geltend, der mit der Schlussrechnung vom 20.7.1995 schlüssig dargestellt sei, entfaltet insoweit keine Bindungswirkung.

Eine Bindung des BerGer. an die der Aufhebung der Berufungsentscheidung unmittelbar zugrunde liegende rechtliche Würdigung des RevGer. besteht nicht, wenn sich die der Revisionsentscheidung zugrunde liegenden Tatsachen nachträglich ändern. Der Senat hat den Umstand, dass die von der Kl. geltend gemachten Aufzugskosten lediglich eine von ihr an ihre Subunternehmerin geleistete Anzahlung betrafen, bei seiner Entscheidung im damaligen Revisionsverfahren nicht berücksichtigen können. Die Kl. hat erst nach Erlass der Revisionsentscheidung mit Schriftsatz vom 28.5.2004 klargestellt, dass es sich bei den in Rechnung gestellten Aufzugskosten um eine von ihr geleistete Anzahlung handelte.

Die Kl. hat darüber hinaus hinreichend dargelegt, dass die Bekl. den Einbau eines Personenaufzugs in Auftrag gegeben haben. Sie hat hierzu das Bestätigungsschreiben der WK GmbH vom 7.10.1994 vorgelegt, in dem mitgeteilt wird, dass die Bekl. mit der Bestellung eines Personenaufzugs einverstanden sind.

Entgegen der Ansicht des BerGer. bezieht sich die Anzahlung nicht auf den unterbliebenen Einbau eines Kleingüteraufzugs. Die Bestellung des Kleingüteraufzugs stand nach dem Vorbringen der Kl. unter dem Vorbehalt der Ausführungsfreigabe durch die Bekl. Dass diese insoweit einen Auftrag erteilt haben, behauptet die Kl. nicht. Sie hat, wie sich aus der von ihr vorgelegten Rechnung der Firma H. ergibt, den als Anzahlung für einen Personen- und einen Kleingüteraufzug geltend gemachten Rechnungsbetrag dementsprechend gekürzt und den Bekl. lediglich diesen geringeren Betrag in Rechnung gestellt.

Danach kann auch die Klageabweisung in Höhe von 13.141,48 € keinen Bestand haben.

VI.

Das Berufungsurteil kann im angefochtenen Umfang danach keinen Bestand haben.

Nach Zurückverweisung der Sache ist zunächst durch Auslegung der vertraglichen Vereinbarung der Parteien zu ermitteln, ob die Kl. Gerüstarbeiten nach der vertraglichen Vereinbarung ohne zusätzliche Vergütung zu erbringen hatte oder ob diese als Zusatzleistung von den Bekl. gesondert zu vergüten sind. Den Parteien ist Gelegenheit zu geben, hierzu noch ergänzend vorzutragen.

Haben die Parteien die Geltung der VOB/B und der Allgemeinen Technischen Vertragsbedingungen für Bauleistungen vereinbart und handelt es sich nicht um Arbeitsgerüste im Sinne von DIN 18334 Nr. 4.1.1 in Verbindung mit DIN 18299 Nr. 4.1, ist zu prüfen, ob die Kl. hierfür eine zusätzliche Vergütung nach § 2 Nummer 5, § 2 Nummer 6 oder § 2 Nummer 8 VOB/B beanspruchen oder die Erstattung dieser Kosten nach den Vorschriften der Geschäftsführung ohne Auftrag oder unter dem Gesichtspunkt einer ungerechtfertigten Bereicherung verlangen kann.

Maßgebliche Rechtsprechung zur VOB/C

Darüber hinaus sind die erforderlichen Feststellungen nachzuholen, ob die von den Bekl. bestätigten, nicht durch gemeinsame Aufmaße nachgewiesenen Mengen der streitigen Abrechnungspositionen für Zimmer- und Erdarbeiten unzutreffend sind.

Ferner wird dem von der Kl. angebotenen Zeugenbeweis für den Umfang der von der Firma G. erbrachten Dacharbeiten nachzugehen sein.

Das BerGer. wird unter Berücksichtigung der von der Kl. angebotenen Beweismittel außerdem zu klären haben, ob die Bekl. einen Auftrag für die Erstellung einer Tragwerksplanung erteilt haben und ob die Voraussetzungen für einen Anspruch der Kl. hinsichtlich der Kosten des Baugrundgutachtens erfüllt sind.

Schließlich hat das BerGer. zu prüfen, ob die Kl. aufgrund der vorzeitigen Beendigung des Vertrages in Höhe der geleisteten Anzahlung für einen Personenaufzug eine Vergütung beanspruchen kann.

Die folgende Entscheidung aus dem Jahre 1998 befasst sich mit Qualitätsanforderungen, auch ein Hauptaugenmerk der Regelungen in der VOB Teil C. Dabei greifen insbesondere in der neuesten Fassung des Ergänzungsbands 2015 zahlreiche qualitätsbeschreibende Regelungen ein, welche für die Bauvertragsparteien – sofern nichts Näheres geregelt ist – maßgebender Standard sind.

2. BGH, Urteil vom 16.7.1998 – VII ZR 350/96 (NJW 1998, 3707)

Leitsätze

a) Der Auftragnehmer schuldet im Rahmen der getroffenen Vereinbarung ein Werk, das die Beschaffenheit aufweist, die für den vertraglich vorausgesetzten oder gewöhnlichen Gebrauch erforderlich ist.
b) An dieser Erfolgshaftung ändert sich grundsätzlich nichts, wenn die Parteien eine bestimmte Ausführungsart vereinbart haben, mit der die geschuldete Funktionstauglichkeit des Werkes nicht erreicht werden kann.
c) Der für die bestimmte Ausführungsart vereinbarte Werklohn umfasst, sofern die Kalkulation des Werklohnes nicht allein auf den Vorstellungen des Auftragnehmers beruht, nur diese Ausführungsart, sodass der Auftraggeber Zusatzarbeiten, die für den geschuldeten Erfolg erforderlich sind, gesondert vergüten muss.
d) Ist das Werk deshalb mangelhaft, weil der Auftragnehmer die vereinbarte Ausführungsart ausgeführt hat, können die ihm zustehenden Zusatzvergü-

tungen im Rahmen der Gewährleistung als „Sowieso-Kosten" berücksichtigt werden.

Tatbestand

I.

Der Kläger verlangt Restwerklohn, die Beklagten verweigern die Zahlung mit der Begründung, die Sanierungsarbeiten an den Decken, Wänden und Fußböden ihres Hauses seien mangelhaft.

II.

Die Beklagten, die beabsichtigten, zwei nebeneinanderstehende Mehrfamilienhäuser in G. zu sanieren und zusammenzulegen, ließen sich von dem Kläger eine Kostenermittlung über die Sanierung erstellen. Nachdem sie sich für die Sanierung entschieden hatten, legte der Kläger den Beklagten ein Angebot vor, auf dessen Grundlage die Parteien einen VOB/B-Vertrag schlossen. Hinsichtlich der Decken und Böden enthält der Vertrag folgende Regelungen:

„...

Komplettes Herstellen von Fußböden aus Trockenestrichelementen, bestehend aus einem Papierrieselschutz, einer bis zu 20 mm starken Ausgleichsschicht aus Perliten, sowie 20 mm starke Fermacel-Platten mit Stufenfalz.

...

Herstellen von planebenen, aus 12,5 mm starken Gipsfaserplatten bestehenden Decken.

...

Herstellen von Trennwänden aus Gipsfaserplatten, einschließlich dem Herstellen eines 75 mm starken Ständerwerkes sowie dem beidseitigen Beplanken mit 12,5 mm starken Gipsfaserplatten.

...

Einarbeiten von 50 mm Dämmmatten in sämtliche Trockenbauwände.

...

Einarbeiten von 150 mm starker Dämmung in die Deckenbalkenlagen, vornehmlich im Erdgeschoss sowie aber auch im ersten Obergeschoss und im Dachgeschoss.

...

Maßgebliche Rechtsprechung zur VOB/C

Nicht möglich ist es, die Räumlichkeiten auf ein Fußbodenniveau zu bringen.
..."

Der Kläger führte die Arbeiten aus. Seine Arbeiten an den Wänden, Decken und Fußböden genügen nicht den Anforderungen der maßgeblichen Schall- und Brandschutzvorschriften. Im Oktober 1994 nahm die Beklagte zu 2 die Gewerke ab.

Die Beklagten verweigern die Zahlung des Restwerklohnes mit der Begründung, die Sanierungsarbeiten an den Wänden, Decken und Fußböden seien mangelhaft, weil die für Mietshäuser maßgeblichen DIN-Vorschriften für den Schall- und Brandschutz nicht beachtet worden seien.

III.

Das Landgericht hat der Klage stattgegeben. Die Berufung der Beklagten hatte nur hinsichtlich des Zinsausspruchs teilweise Erfolg. Mit ihrer Revision erstreben die Beklagten die Abweisung der Klage.

Entscheidungsgründe

I.

[...]

II.

1. Das Berufungsgericht hat den Gewährleistungsanspruch der Beklagten und damit ein Leistungsverweigerungsrecht mit folgenden Erwägungen verneint:

a) Das Werk sei mangelfrei. Gegenstand des Werkvertrages sei unter anderem die Erneuerung (Entkernung) der Fußböden bzw. der Decken in einigen Räumen der Häuser gewesen. Streitig sei lediglich, in welchen Räumen die Entkernung stattgefunden habe. Der Kläger habe unstreitig bei der Neuherstellung der entkernten Böden die DIN 4109 (Schallschutz) und die DIN 4102 (Brandschutz) nicht eingehalten. Dazu sei er nach der vertraglichen Vereinbarung nicht verpflichtet gewesen; das ergebe die Auslegung des Vertrages. In Sanierungs- und Modernisierungsfällen sei nach den Umständen zu ermitteln, ob der Auftragnehmer die DIN-Vorschriften einhalten müsse.

b) Die Auslegung des Vertrages ergebe, dass die Beachtung der DIN-Vorschriften nicht geschuldet gewesen sei.

Maßgebliche Rechtsprechung zur VOB/C

Der zwischen den Parteien abgeschlossene Vertrag erwähne nicht, dass die DIN-Normen für den Schall- und Brandschutz einzuhalten seien. Die im Einzelnen vereinbarte Sanierung der Fußböden, Decken und Wände sei vom Kläger ausgeführt worden.

2. Diese Erwägungen halten einer revisionsrechtlichen Überprüfung nicht stand. Das Berufungsgericht hat sein Auslegungsergebnis nicht begründet, ein rechtliches Kriterium für die Auslegung des vom Auftragnehmer geschuldeten Werkerfolges nicht beachtet und tatsächliche Umstände, die für die Auslegung des Vertrages bedeutsam sind, nicht berücksichtigt.

a) Die Leistung des Auftragnehmers ist nur vertragsgerecht, wenn sie die Beschaffenheit aufweist, die für den vertraglich vorausgesetzten oder gewöhnlichen Gebrauch erforderlich ist. Im Rahmen der getroffenen Vereinbarung schuldet der Auftragnehmer ein funktionstaugliches und zweckentsprechendes Werk. An dieser Erfolgshaftung ändert sich grundsätzlich nichts, wenn die Parteien eine bestimmte Ausführungsart vereinbart haben, mit der die geschuldete Funktionstauglichkeit des Werkes nicht erreicht werden kann.

(1.) Ist die Funktionstauglichkeit für den vertraglich vorausgesetzten oder gewöhnlichen Gebrauch versprochen und ist dieser Erfolg mit der vertraglich vereinbarten Ausführungsart nicht zu erreichen, dann schuldet der Auftragnehmer die vereinbarte Funktionstauglichkeit. Unabhängig davon schuldet der Auftragnehmer vorbehaltlich abweichender Vereinbarung die Einhaltung der anerkannten Regeln der Technik.

(2.) Haben die Vertragsparteien auf Anregung des Auftraggebers oder des Auftragnehmers eine bestimmte Ausführungsart zum Gegenstand des Vertrages gemacht, dann umfasst, sofern die Kalkulation des Werklohnes nicht nur auf den Vorstellungen des Auftragnehmers beruht, der vereinbarte Werklohn nur die vereinbarte Herstellungsart. Zusatzarbeiten, die für den geschuldeten Erfolg erforderlich sind, hat der Auftraggeber dann gesondert zu vergüten. Führt der Auftragnehmer unter diesen Umständen lediglich die vereinbarte Ausführungsart aus, dann ist die Leistung mangelhaft. Die ihm bei mangelfreier Leistung für die erforderlichen Zusatzarbeiten zustehenden Zusatzvergütungen können im Rahmen der Gewährleistung als „Sowieso-Kosten" berücksichtigt werden.

b) Danach ist das Auslegungsergebnis des Berufungsgerichts auf der Grundlage seiner Feststellungen rechtsfehlerhaft.

(1.) Der Sachvortrag der Beklagten, der für die Revision zu ihren Gunsten als richtig zu unterstellen ist, bietet hinreichende Anhaltspunkte dafür, dass die

Maßgebliche Rechtsprechung zur VOB/C

Verwendung der Häuser als Mietshäuser der nach dem Vertrag vorausgesetzte Gebrauch ist. Die Beklagten haben behauptet, der Kläger habe sich zu einer umfassenden Sanierung der Mietshäuser in Kenntnis ihrer Verwendung verpflichtet. Hinreichende Anhaltspunkte, die dafür sprechen, dass die Parteien eine Vereinbarung getroffen haben, nach der die Werkleistung nicht die Beschaffenheit als Mietshäuser aufweisen muss, hat das Berufungsgericht nicht festgestellt. Der Umstand, dass die Parteien eine für die Funktion ungeeignete Ausführungsart vereinbart haben, genügt nach den unter II. 2. a genannten Grundsätzen allein nicht, um den Werkvertrag in diesem Sinne auszulegen.

(2.) Für die Auslegung des Berufungsgerichts, die Parteien hätten vereinbart, dass der Kläger die maßgeblichen technischen Regeln für den Brand- und Schallschutz nicht einhalten müsse, fehlt es an hinreichenden Feststellungen. Das Berufungsgericht hat nicht berücksichtigt, dass die Parteien mit der Vereinbarung der VOB/B, die in den §§ 1 Nr. 1 Satz 2, 13 Nr. 7 Abs. 2 lit. b VOB/B auf die anerkannten Regeln der Technik verweist, die Einhaltung auch dieser Regeln vereinbart haben. Die Auslegung eines VOB/B-Vertrages, die Parteien hätten abweichend von den genannten Regelungen der VOB/B vereinbart, dass die anerkannten Regeln der Technik nicht eingehalten werden müssen, ist nur unter bestimmten Voraussetzungen möglich. Die Parteien können eine entsprechende Abweichung von der VOB/B ausdrücklich vereinbart haben oder es muss aufgrund gewichtiger für die Auslegung relevanter Umstände feststehen, dass sie entgegen den genannten Regeln der VOB/B konkludent oder stillschweigend eine entsprechende vertragliche Vereinbarung getroffen haben. Die Vereinbarung einer bestimmten Ausführungsart, die den anerkannten Regeln der Technik nicht genügt, reicht allein für eine derartige Auslegung nicht aus.

Die hier folgende Entscheidung befasst sich erneut mit der Frage der Einhaltung von (DIN-) Normen und deren rechtlicher Tragweite bei der Beurteilung der Frage, ob die Leistung des Unternehmers mangelfrei war oder nicht.

3. BGH, Urteil vom 19.4.1991 – V ZR 349/89 (NJW 1991, 1149)

Amtlicher Leitsatz

1. Werden bei der Aushebung und Sicherung einer Baugrube DIN-Normen nicht beachtet, so spricht eine widerlegliche Vermutung dafür, dass im örtlichen und zeitlichen Zusammenhang mit der Aushebung auf einem Nach-

Maßgebliche Rechtsprechung zur VOB/C

bargrundstück entstandene Schäden auf die Verletzung der DIN-Normen zurückzuführen sind.

2. Werden bei der Aushebung und Sicherung einer Baugrube DIN-Normen nicht beachtet, hat der wegen der Schäden in Anspruch genommene Beklagte darzulegen und zu beweisen, dass die Schäden nicht auf die Verletzung der DIN-Normen zurückzuführen sind.

Tatbestand

Der Kläger ist Eigentümer des mit einem Einfamilienhaus bebauten Grundstücks St.-straße 41 in B. Die Beklagten zu 1 und 2 sind Eigentümer des Nachbargrundstücks St.-straße 39. In der Zeit von Ende November 1982 bis Mai 1983 ließen die Beklagten zu 1 und 2 auf ihrem Grundstück ein an ihr Wohnhaus anschließendes, in den Erdboden eingelassenes Schwimmbad errichten. Der Bau wurde von der Beklagten zu 3 ausgeführt. Der Beklagte zu 4 war als „verantwortlicher Architekt" sowohl planerisch als auch bauaufsichtsführend tätig.

Für den Bau ließ die Beklagte zu 3 Anfang Dezember 1982 eine bis 4 m unter Geländeniveau tiefe Baugrube ausheben, die im oberen Teil bis auf 60 cm, im unteren Teil bis auf 2,70 m an die Grenze des Grundstücks des Klägers heranreichte. Im Mai 1983 wurde der neben dem errichteten Schwimmbad verbliebene Teil der Baugrube wieder aufgefüllt und das Füllmaterial mittels Überfahrens mit einem Kettenfahrzeug verdichtet.

Seit Dezember 1982 sind Schäden am Eigentum des Klägers aufgetreten, die dieser auf die Bauarbeiten zur Errichtung des Schwimmbades zurückführt. Die auf Streifenfundamenten aufgetragene Betonbodenplatte der Garage, die Umfassungswände und die einbetonierte Decke der Garage sind „hochgedrückt" und teilweise aufgerissen. Seit Februar/März 1983 weist der Garagenbaukörper drei weitere Risse auf. Im Dezember 1982 löste sich der Wandputz am Wohnhaus an der seitlichen Außenwand im Bereich der Fensterwangen und Fensterstürze sowie am Treppenmauerwerk ab. Im Winter 1982/1983 entstanden Risse im Treppenmauerwerk am Haus sowie im Betonstreifen und in den Betonplatten der Garagenzufahrt. Seit Sommer 1983 sind Absenkungen und Verschiebungen der Betonplatten der Garagenzufahrt zu beobachten. Weitere Schäden entstanden am Wohnhaus.

Mit der Behauptung, die Schäden an seinem Eigentum seien durch eine unsachgemäß hergestellte Baugrube, durch die mit dem Aushub und den sonstigen Bauarbeiten verbundenen Erschütterungen sowie durch eine nicht ordnungsgemäße Verdichtung der Baugrube entstanden, hat der Kläger die Beklagten zunächst auf

Maßgebliche Rechtsprechung zur VOB/C

1. Errichtung einer Spundwand an der Grundstücksgrenze, auf Beseitigung der Risse in den Garagenwänden sowie auf Sanierung der Garagenauffahrt und des Mauerwerks des Hauses,

2. Feststellung der Verpflichtung zur Beseitigung sonstiger durch die Bauarbeiten an seinem Grundstück verursachten Schäden und

3. Entfernung bestimmter Bäume an der Grundstücksgrenze in Anspruch genommen.

Das Landgericht hat die Beklagten zu 1 und 2 zur Entfernung der Bäume verurteilt; die weitergehende Klage hat es abgewiesen.

Mit der Berufung ist der Kläger wegen der behaupteten Schäden an seinem Grundstück im Wesentlichen auf das Verlangen von Schadensersatz in Geld übergegangen. Außerdem hat er die Klage erweitert. Er hat zuletzt beantragt:

1. Die Beklagten als Gesamtschuldner zu verurteilen, an ihn 13.277,60 DM nebst 4 % Zinsen seit Zustellung des berufungsbegründenden Schriftsatzes zu zahlen,

hilfsweise

die Beklagte zu 3 zu verurteilen, die Risse in den Umfassungswänden der sich auf dem Grundstück des Klägers befindlichen Garage fachgerecht und dauerhaft zu sanieren bzw. zu beseitigen,

sowie den Beklagten zu 1 zu verurteilen, die vorstehend näher bezeichneten Garagenumfassungswände auf dem Grundstück des Klägers nach Ausführung der soeben genannten Arbeiten fachgerecht mit einem Innen- und Außenanstrich zu versehen;

2. die Beklagten als Gesamtschuldner zu verurteilen, an den Kläger weitere 6.501,40 DM nebst 4 % Zinsen seit Zustellung des berufungsbegründenden Schriftsatzes zu zahlen;

3. die Beklagten als Gesamtschuldner zu verurteilen, an den Kläger weitere 19.000 DM nebst 4 % Zinsen seit Zustellung dieses Schriftsatzes zu zahlen;

4. festzustellen, dass die Beklagten gesamtschuldnerisch verpflichtet sind, dem Kläger den Schaden zu ersetzen, der ihm zukünftig dadurch entsteht, dass auf dem Grundstück Stubenrauchstraße 41 (richtig: 39), ... in der Zeit von November 1982 bis Mai 1983 Ausschachtungsarbeiten vorgenommen wurden, die zu einer anschließenden Absenkung des vorbezeichneten Grundstücks sowie des Grundstücks des Klägers Stubenrauchstraße 41 ...

Maßgebliche Rechtsprechung zur VOB/C

führten, sowie den Schaden zu ersetzen, der dem Kläger künftig dadurch entsteht, dass sich die Grundstücksabsenkung weiter fortsetzt;

5. die Beklagten zu 1 und 2 gesamtschuldnerisch zu verurteilen, auf dem Grundstück Stubenrauchstraße 39 ... Vorkehrungen zu treffen, die geeignet sind, die vor Ausführung von Ausschachtungsarbeiten in der Zeit von November 1982 bis Mai 1983 auf dem Grundstück Stubenrauchstraße 39 ... bestehende Belastbarkeit des Grundstücks des Klägers, Stubenrauchstraße 41 ... von mindestens 2000 kg wiederherzustellen und eine weitere Absenkung des Grundstücks zu verhindern.

Das Oberlandesgericht hat nach Einholung eines Sachverständigengutachtens über die Ursachen der Schäden am Grundstück die erweiterte Klage abgewiesen und die Berufung zurückgewiesen.

Hiergegen richtet sich die Revision des Klägers, mit der er seine in der Berufungsinstanz zuletzt gestellten Anträge weiterverfolgt. Die Beklagten beantragen die Zurückweisung des Rechtsmittels.

Entscheidungsgründe

I. Das Berufungsgericht führt aus: Die geltend gemachten Ansprüche, für die als Grundlagen § 823 Abs. 1, § 823 Abs. 2 in Verbindung mit §§ 909, 1004 BGB in Betracht kämen und die sich gegen die Beklagten zu 1 und 2 als Bauherren, die Beklagte zu 3 als bauausführende Firma und den Beklagten zu 4 als planerisch verantwortlichen und bauaufsichtsführenden Architekten richten könnten, setzten insgesamt eine Verursachung der entstandenen, behaupteten oder noch zu besorgenden Schäden am Grundstück des Klägers durch die Bauarbeiten zur Errichtung des Schwimmbades voraus. Eine dahingehende Feststellung lasse sich jedoch nicht treffen. Die erforderliche Überzeugung über die Verursachung der in Rede stehenden Schäden durch die Bauarbeiten auf dem Grundstück der Beklagten zu 1 und 2 und deren Folgen lasse sich weder aufgrund des im Beweissicherungsverfahren eingeholten Gutachtens vom 22. Februar 1985, noch des vom Kläger eingereichten, noch des gerichtlich eingeholten Gutachtens (einschließlich der schriftlichen Ergänzung und des Ergebnisses der Anhörung des Sachverständigen) gewinnen. Die Verursachung sei daher nicht nachgewiesen.

II. Hiergegen wendet sich die Revision mit Erfolg.

Das Berufungsgericht geht davon aus, dass die Darlegungs- und Beweislast für die Verursachung der auf dem Grundstück des Klägers entstandenen und noch zu besorgenden Schäden durch die auf dem Nachbargrundstück im Zusammenhang mit der Errichtung des Schwimmbades durchgeführten Bauarbeiten den Kläger trifft. Es hat dabei – wie die Revision zutreffend hervorhebt – den vom gerichtlichen Sachverständigen bestätigten Vortrag des Klägers außer Acht gelassen, die Baugrube sei nicht entsprechend den einschlägigen DIN-Vorschriften angelegt worden. Der Sachverständige hat in seinem Gutachten vom 12. Januar 1988 zu 3.1 (Seite 2) und 4.4 (Seite 10) u.a. ausgeführt, die Ausbildung der Baugrubenböschung zum Grundstück des Klägers habe nicht der DIN 4123 („Gebäudesicherung im Bereich von Ausschachtungen, Gründungen und Unterfangungen") und der DIN 4124 („Baugruben und Gräben, Böschungen, Arbeitsraumstreifen, Verbau") entsprochen, was zu einer Beeinträchtigung der Standsicherheit auf dem Grundstück des Klägers geführt habe.

Die DIN-Normen des Deutschen Instituts für Normung e.V. stellen anerkannte Regeln der Technik dar (BGHZ 103, 338, 341 f.) [BGH 1.3.1988 – VI ZR 190/87]. Werden sie bei der Aushebung und Sicherung von Baugruben nicht eingehalten, insbesondere die für die Standsicherheit und Festigkeit eines Nachbargrundstückes anerkannten und für notwendig gehaltenen Maßnahmen nicht durchgeführt, so spricht wegen der damit verbundenen Gefahrerhöhung eine – widerlegliche – Vermutung dafür, dass im örtlichen und zeitlichen Zusammenhang mit einer Aushebung einer Baugrube auf dem Nachbargrundstück entstandene Schäden bei Beachtung der DIN-Normen vermieden worden wären und auf die Verletzung der DIN-Norm zurückzuführen sind (vgl. Marburger, Die Regeln der Technik, 1979, S. 448 ff., insbes. 453 f. mit eingehenden Nachweisen). Die auf Schadensersatz in Anspruch genommenen Beklagten hätten daher darzulegen und zu beweisen, dass die Schäden nicht auf der Verletzung anerkannter Regeln der Technik beruhen, also auch im Falle der Beachtung entstanden sein würden. In diesem Zusammenhang verbleibende Zweifel gehen zu Lasten der Beklagten und nicht des Klägers.

Das Berufungsgericht hat diese sich aus dem von ihm eingeholten Sachverständigengutachten ergebende Konsequenz für die Darlegungs- und Beweislast nicht gesehen. Seine auf einen mangelnden Nachweis der Schadensverursachung durch den Kläger gestützte Entscheidung beruht daher auf einem Rechtsfehler. Das angefochtene Urteil ist folglich aufzuheben; die Sache ist zur erneuten tatrichterlichen Beurteilung an das Berufungsgericht zurückzuverweisen. Der Kläger wird Gelegenheit haben, in der erneuten Verhandlung seine sonstigen Bedenken gegen das Berufungsurteil vorzutragen.

Maßgebliche Rechtsprechung zur VOB/C

Die nachfolgende Entscheidung ist die sogenannte „Kontaminations-Entscheidung II", die im Frühjahr 2013 etwas Normalität in den Baugrund- und Tiefbaurechtsalltag zurückkehren ließ. Anlass zur Aufregung gab die Vorgängerentscheidung „Kontamination I", die am 22.12.2011 erging und – knapp zusammengefasst – die Ansicht äußerte, dass Bieter mit besonderen Kontaminationen im Straßenbau eigentlich immer rechnen und deshalb dafür keine Nachtragsleistungen mehr in Rechnung stellen könnten. Diese – zu Recht – kritisierte „Kontamination Entscheidung I" ist durch die nachstehende Regelung „repariert" worden.

4. BGH, Urteil vom 21.3.2013 – VII ZR 122/11 (NZBau 2013, 428)

Tatbestand

Die Klägerin verlangt von den Beklagten, einem Landkreis, einem Abwasserzweckverband und einer Gemeinde, zusätzliche Vergütung für Tiefbauarbeiten mit der Begründung, sie habe beim Ausbau einer Kreisstraße im Bereich einer Ortsdurchfahrt kontaminiertes Aushubmaterial angetroffen, das nicht ausgeschrieben gewesen sei.

Die Klägerin wurde von den Beklagten im Jahr 2006 mit Tiefbauarbeiten für den Ausbau einer Kreisstraße beauftragt. Die Leistung war in mehrere Lose aufgeteilt, für die teils der Beklagte zu 1, teils der Beklagte zu 2 und teils die Beklagte zu 3 als Auftraggeber fungierten.

In der Baubeschreibung heißt es unter Ziff. 2.7 (Baugrund) unter anderem wie folgt:

„Die Baugrunduntersuchung wurde von W. G. B. durchgeführt.

Die Untersuchung erfolgte mittels 4 Rammkernsondierungen. Dabei wurde eine lediglich circa 4 cm dicke Asphaltdeckschicht aufgeschlossen, deren Teergehalt untersucht wurde. Dieser liegt noch unterhalb der Grenze für Wiedereinbau des Aufbruchgutes im Heißeinbau, sodass eine Wiederverwertung vollständig möglich ist ..."

Das Leistungsverzeichnis für die gesamten Arbeiten sieht in verschiedenen Positionen vor, dass Boden zu lösen, in das Eigentum des Auftragnehmers zu übernehmen und von der Baustelle zu entfernen ist. Bei den Losen 2, 3 und 5 sind gesonderte Zulagen für die Bodenklassen 2, 6 und 7 vorgesehen.

Die Klägerin hat vorgetragen, das Aushubmaterial sei insbesondere wegen Chloridbelastung erheblich kontaminiert gewesen. Das Aushubmaterial habe nicht zum Wiedereinbau verwendet werden können und erhöhten

Entsorgungsaufwand erfordert. Die Klägerin verlangt wegen Kontamination des Aushubmaterials zusätzliche Vergütung in Höhe von insgesamt 180.954,34 € nebst Zinsen.

Das Landgericht hat die Klage abgewiesen. Auf die Berufung der Klägerin hat das Berufungsgericht die Beklagte zu 3 zur Zahlung von 1.094,82 € wegen einer anderen, in der Revision nicht mehr interessierenden Leistung verurteilt und im Übrigen die Klageabweisung bestätigt.

Mit der vom Senat zugelassenen Revision verfolgt die Klägerin ihre Ansprüche auf zusätzliche Vergütung wegen Kontamination des Aushubmaterials weiter, nicht dagegen einen Restvergütungsanspruch in Höhe von 7.518,28 € für Rohranschlüsse.

Entscheidungsgründe

Die Revision führt zur Aufhebung des Berufungsurteils, soweit im Verhältnis zu den Beklagten zu 1 und 2 insgesamt und im Verhältnis zur Beklagten zu 3 hinsichtlich eines 7.518,28 € nebst Zinsen übersteigenden Betrags zum Nachteil der Klägerin entschieden worden ist, und im Umfang der Aufhebung zur Zurückverweisung der Sache an das Berufungsgericht.

I.

Das Berufungsgericht führt aus, der Klägerin stehe ein Anspruch auf Mehrvergütung der im Zusammenhang mit den behaupteten Kontaminationen entstandenen Kosten nicht zu.

Der Klägerin sei gemäß den maßgeblichen Vertragsunterlagen und sonstigen Umständen nach dem Ergebnis der Beweisaufnahme kein außergewöhnliches Wagnis aufgebürdet worden. Der Sachverständige Prof. Dr.-Ing. K. habe zwar bei seiner Anhörung im Termin vom 23. Juni 2010 zunächst ausgeführt, dass ein Bieter mangels Feststellungen in der Baugrunduntersuchung zum Salzgehalt der Asphaltdeckschicht davon habe ausgehen dürfen, dass dieser Parameter auch ansonsten keine Rolle spiele. Auf Vorhalt der Einwände der Beklagten habe der Sachverständige sodann in seiner Stellungnahme vom 17. Januar 2011 allerdings klargestellt, dass sich mangels einer Untersuchung der Asphaltdeckschicht auf eine Chloridbelastung für einen verständigen Bieter gerade nicht der Schluss habe aufdrängen dürfen, eine solche Belastung komme in den darunter befindlichen, hier relevanten Bodenschichten überhaupt nicht vor. In seiner weiteren Anhörung am 9. März 2011 habe der Sachverständige schließlich ausgeführt, dass eine Untersuchung der Asphaltdecke auf Chloride ohnehin üblicherweise nicht stattfinde, sodass sich aus dem vorliegenden Befund (keine Hinwei-

Maßgebliche Rechtsprechung zur VOB/C

se auf eine Chloridbelastung dieser Schicht) für die als Fachunternehmen ausreichend verständige Klägerin keinesfalls der Schluss habe aufdrängen dürfen, die darunter liegende Schicht sei auf jeden Fall ohne Einschränkungen zu verwenden.

Dies gelte hier umso mehr, als der fachkundigen Klägerin durchaus hätte bekannt sein können, dass der betreffende Streckenabschnitt angesichts seiner örtlichen Lage winterdienstlicher Behandlung ausgesetzt gewesen sein könnte, möge hieraus auch – zu Gunsten der Klägerin unterstellt – eine Salzbelastung nicht zwingend resultieren. Hinzu komme, dass nach den weiteren Erörterungen des Sachverständigen eine Salzbelastung in dieser Schicht ohnehin selten vorkomme, mithin eine diesbezügliche Untersuchung dieser Schicht auf eine solch seltene Belastung auch nicht naheliege. Umso weniger habe Anlass für einen durchschnittlichen Bieter bestanden, allein aus dem Fehlen weiterer Angaben zu einer vorhandenen Chloridbelastung der Deckschicht sicher zu schließen, dass eine solche auch in den darunter liegenden Schichten nicht auftreten würde.

Zu keinem anderen Ergebnis führe auch der von der Klägerin angeführte Umstand, dass in vergleichbaren Fällen bei entsprechenden Anhaltspunkten stets auf eine Kontamination in den Ausschreibungsunterlagen hingewiesen worden sei. Hieraus ergebe sich weder ausdrücklich noch konkludent eine Übernahme des Risikos etwaiger Kontaminationen durch den Bauherrn.

II.

Das hält der rechtlichen Nachprüfung nicht stand.

1. In der Revision ist davon auszugehen, dass die von der Klägerin behaupteten Kontaminationen des Aushubmaterials vorliegen.

2. Die Auslegung, welche Leistung von der Vergütungsabrede in einem Bauvertrag erfasst wird, obliegt dem Tatrichter. Eine revisionsrechtliche Überprüfung findet nur dahin statt, ob Verstöße gegen gesetzliche Auslegungsregeln, anerkannte Auslegungsgrundsätze, sonstige Erfahrungssätze oder Denkgesetze vorliegen oder ob die Auslegung auf Verfahrensfehlern beruht (BGH, Urteil vom 22. Dezember 2011 – BGH Aktenzeichen VII ZR 67/11, BGHZ Band 192 Seite 172 Rn. 12; Urteil vom 22. Juli 2010 – BGH Aktenzeichen VII ZR 213/08, BGHZ Band 186 Seite 295 Rn. 13 m.w.N.). Das Berufungsgericht hat gegen anerkannte Auslegungsgrundsätze verstoßen.

a) Ein Bieter darf die Leistungsbeschreibung einer öffentlichen Ausschreibung nach der VOB/A im Zweifelsfall so verstehen, dass der Auftraggeber den Anforderungen der VOB/A an die Ausschreibung entsprechen will (vgl.

Maßgebliche Rechtsprechung zur VOB/C

BGH, Urteil vom 22. Dezember 2011 – BGH Aktenzeichen VII ZR 67/11, BGHZ 192, 172; Urteil vom 11. März 1999 – AZ VII ZR 179/98, BauR 1999, 897; Urteil vom 9. Januar 1997 – AZ VII ZR 259/95, BGHZ 134, 245, 248; Urteil vom 11. November 1993 – AZ II ZR 47/93, BGHZ 124, 64, 68). Danach sind die für die Ausführung der Leistung wesentlichen Verhältnisse der Baustelle, wie z.b. Bodenverhältnisse, so zu beschreiben, dass der Bewerber ihre Auswirkungen auf die bauliche Anlage und die Bauausführung hinreichend beurteilen kann. Die „Hinweise für das Aufstellen der Leistungsbeschreibung" in Abschnitt 0 der Allgemeinen Technischen Vertragsbedingungen für Bauleistungen, DIN 18299 ff., sind zu beachten, VOB/A § 9 Nummer 1 bis VOB/A § 9 Nummer 3 VOB/A a.F. (BGH, Urteil vom 22. Dezember 2011 – AZ VII ZR 67/11, BGHZ 192, 172). Sowohl nach DIN 18299 [Ausgabe 2000] Abschnitt 0.1.18 (ebenso DIN 18299 [Ausgabe 2006] Abschnitt 0.1.20) als auch nach DIN 18300 [Ausgabe 2000 und Ausgabe 2006] Abschnitt 0.2.3 ist in der Leistungsbeschreibung eine Schadstoffbelastung nach den Erfordernissen des Einzelfalls anzugeben (vgl. BGH, Urteil vom 22. Dezember 2011 – AZ VII ZR 67/11, BGHZ 192, 172). Die ausdrückliche Angabe einer Bodenkontamination ist allerdings nicht in jedem Fall zwingend; sie kann unterbleiben, wenn sich aus den gesamten Vertragsumständen klar ergibt, dass eine derartige Kontamination vorliegt (vgl. BGH, Urteil vom 22. Dezember 2011 – AZ VII ZR 67/11, BGHZ 192, 172). Denn in solchen Fällen ist den in § 9 VOB/A a.F. zum Schutz des Bieters enthaltenen Ausschreibungsgrundsätzen Genüge getan, weil dieser auch ohne Angaben in der Ausschreibung eine ausreichende Kalkulationsgrundlage hat.

b) Diese Auslegungsgrundsätze hat das Berufungsgericht nicht hinreichend beachtet. Der Senat kann die fehlerhafte Auslegung des Berufungsgerichts durch eine eigene Auslegung der mit den Beklagten geschlossenen Verträge ersetzen, da weitere Feststellungen nicht zu erwarten sind.

Danach haben die Beklagten die betreffenden Bodenschichten schadstofffrei ausgeschrieben. Dabei kann dahinstehen, ob sich das bereits daraus ergibt, dass – wie die Klägerin behauptet – in vergleichbaren Fällen in den Ausschreibungsunterlagen stets auf eine Schadstoffbelastung hingewiesen worden ist, weshalb die Klägerin wegen dieses Ausschreibungsverhaltens habe annehmen dürfen, dass der Boden nicht kontaminiert sei. Der Boden ist schon deshalb als unbelastet ausgeschrieben, weil die Beklagten in ihrer Ausschreibung keine Angaben zu einer möglichen Chlorid- oder sonstigen Schadstoffbelastung gemacht haben. Die Beklagten waren gemäß DIN 18300 Abschnitt 0.2.3 gehalten, nach den Erfordernissen des Einzelfalls Angaben zur Schadstoffbelastung nach Art und Umfang zu machen. Es liegen keine Umstände vor, wonach die Beklagten von Angaben zu relevanten Schadstoffbelastungen hätten absehen können.

Sie machen nicht geltend, dass ihnen eine Untersuchung des Bodens vor der Ausschreibung auf eine Belastung der unterhalb der Tragschicht gelegenen Bodenschicht unzumutbar gewesen wäre. Es kann deshalb dahinstehen, wie eine Ausschreibung ohne Angaben zu Kontaminationen im Einzelfall zu verstehen ist, wenn der Auftraggeber auf eine Bodenuntersuchung verzichtet, weil diese einen unzumutbaren Aufwand erfordert.

Allein der Umstand, dass die Bieter – auch wegen eventueller Kenntnisse vom Winterdienst auf der betreffenden Straße – mit dem Vorliegen einer Chloridkontamination rechnen mussten, rechtfertigte es nicht, von Angaben dazu in der Ausschreibung abzusehen. Angaben zu Kontaminationen sind entbehrlich, wenn sich aus den gesamten Vertragsumständen klar ergibt, dass der auszuhebende Boden kontaminiert ist. Ein derartiger Fall liegt hier angesichts der vom Berufungsgericht übernommenen Ausführungen des Sachverständigen Prof. Dr.-Ing. K., wonach eine Salzbelastung in derartigen Bodenschichten selten vorkommt (vgl. Protokoll des Termins vom 9. März 2011, Seite 3), nicht vor. Ergibt sich eine Schadstoffbelastung aus den gesamten Vertragsumständen nicht klar, sind Angaben dazu nach Art und Umfang grundsätzlich erforderlich. DIN 18300 Abschnitt 0.2.3 dient gerade dazu, die bestehende Ungewissheit zu beseitigen und dem Bieter eine ausreichende Kalkulationsgrundlage zu verschaffen.

Die Klägerin durfte davon ausgehen, dass sich die Beklagten an die Ausschreibungsregeln halten. Sie durfte deshalb aus dem Umstand, dass eine Schadstoffbelastung des Bodens nach Art und Umfang nicht angegeben war, den Schluss ziehen, dass die Beklagten den Aushub schadstofffreien Bodens ausgeschrieben hatten. Genau so war das Angebot der Klägerin zu verstehen, das die Beklagten angenommen haben. Die Parteien haben danach den Aushub schadstofffreien Bodens vereinbart.

III.

1. Das Berufungsurteil kann nach alledem, soweit im Verhältnis zu den Beklagten zu 1 und 2 insgesamt und im Verhältnis zur Beklagten zu 3 hinsichtlich eines 7.518,28 € nebst Zinsen übersteigenden Betrags zum Nachteil der Klägerin entschieden worden ist, mit der gegebenen Begründung nicht bestehen bleiben. Es ist in diesem Umfang aufzuheben. Der Senat kann mangels hinreichender Feststellungen nicht in der Sache selbst entscheiden. Im Umfang der Aufhebung ist die Sache zur neuen Verhandlung und Entscheidung an das Berufungsgericht zurückzuverweisen.

Maßgebliche Rechtsprechung zur VOB/C

2. Für das weitere Verfahren weist der Senat auf Folgendes hin:

a) Das Berufungsgericht wird Feststellungen zu den von der Klägerin behaupteten Kontaminationen des Aushubmaterials zu treffen haben. Dabei wird zu beachten sein, dass die Klägerin nicht nur Chloridkontaminationen, sondern auch Arsenkontaminationen behauptet hat (vgl. insbesondere Schriftsatz vom 2. Juni 2009, Seite 7).

b) Sollte das Berufungsgericht zu dem Ergebnis gelangen, dass die von der Klägerin behaupteten Kontaminationen vorliegen, wird es sich mit den geltend gemachten Mehrvergütungsansprüchen zu befassen haben.

Die nachfolgende Entscheidung befasst sich mit der spannenden Frage nach der richtigen Abrechnungsmethodik.

5. BGH, Urteil vom 17.6.2004 – VII ZR 75/03 (NZBau 2004, 500)

Tatbestand

Die Kl. verlangt von der Bekl. restlichen Werklohn für Dämmarbeiten.

Die Bekl. wurde mit der Errichtung einer Natursteinfassade beauftragt. Sie schloss mit der Kl. als Nachunternehmerin auf der Grundlage eines gesondert angefertigten Leistungsverzeichnisses einen Einheitspreisvertrag über die Erstellung der Wärmedämmung. Die VOB/B wurde vereinbart. Die Leistungen der Kl. sind fertiggestellt. Die Schlussrechnung der Kl. hat die Bekl. gekürzt, weil sie der Auffassung ist, das Aufmaß für die Wärmedämmung müsse auf der Grundlage der DIN 18299 Abschnitt 5 nach den Flächen der Wärmedämmung erstellt werden. Die Kl. ist demgegenüber der Auffassung, das Aufmaß sei auf der Grundlage der DIN 18332 Abschnitt 5.1.1.3 nach den Außenmaßen der Fassadenbekleidung zu nehmen.

Die auf Zahlung von 19.612,57 € gerichtete Klage hatte in beiden Instanzen Erfolg. Die Bekl. verfolgt mit der vom BerGer. zugelassenen Revision ihren Antrag auf Klageabweisung weiter.

Entscheidungsgründe

I.

Das BerGer. ist der Auffassung, die Kl. dürfe die Wärmedämmarbeiten nach DIN 18332 Abschnitt 5.1.1.3 abrechnen. Die DIN-Normen neuester Fassung und die VOB/B und damit auch die Allgemeinen Technischen Bedingungen für Bauleistungen seien zum Gegenstand des Vertrages gemacht worden.

Maßgebliche Rechtsprechung zur VOB/C

Die vom Sachverständigen geteilte Auffassung des LG, die Wärmedämmarbeiten könnten auch dann nach der DIN 18332 abgerechnet werden, wenn sie isoliert beauftragt würden, scheine richtig. Der Wortlaut des Abschnitts 5.1.1.3, wonach bei Fassaden die Maße der Bekleidung zugrunde zu legen seien, lasse diese Auslegung zu. Denn zur Fassade gehörten auch die erforderlichen Nebenleistungen. Einigkeit bestehe darüber, dass die Dämmarbeiten jedenfalls dann nach dem Maße der Bekleidung abzurechnen seien, wenn sie gemeinsam mit den Natursteinarbeiten in Auftrag gegeben würden. Das mache einen Sinn, weil die Abrechnung dadurch vereinfacht werde. Dieser Zweck greife auch bei einer isolierten Beauftragung. Es könne nicht beabsichtigtes Ziel der Norm sein, dem Unternehmer eine komplizierte und aufwändigere Art der Abrechnung aufzuerlegen, der nur einen Ausschnitt aus der Gesamtleistung mit geringeren wirtschaftlichen Möglichkeiten zu erbringen habe.

Der Einholung eines Obergutachtens bedürfe es nicht. Es bestehe kein Anlass, der Frage nachzugehen, ob ein Brauch oder ein Gewohnheitsrecht bestehe, nach DIN 18332 abzurechnen. Soweit der Privatgutachter K. DIN 18332 Abschnitt 5.1.1.1 anwenden wolle, überzeuge das nicht, weil Abschnitt 5.1.1.3 auch nach dessen Auffassung für Fassadenarbeiten spezieller sei.

II. Das hält der rechtlichen Nachprüfung nicht stand.

1. Ohne Rechtsfehler geht das BerGer. davon aus, dass die VOB/B in den Vertrag einbezogen worden ist. Damit sind die Allgemeinen Technischen Vertragsbedingungen für Bauleistungen (ATV) Vertragsbestandteil, § 1 Nr. 1 Satz 2 VOB/B.

2. Die ATV sind im Teil C der Vergabe- und Vertragsordnung für Bauleistungen zusammengefasst. Sie bestehen aus Allgemeinen Regelungen für Bauarbeiten jeder Art und aus Regelungen für spezifische Gewerke. Außerdem führen sie eine DIN-Bezeichnung mit der Benennung des jeweiligen Gewerkes. Die DIN 18299 enthält die Regelungen für Bauarbeiten jeder Art. Die DIN 18300 ff. enthalten die gewerkespezifischen Regelungen. Sowohl die DIN 18299 als auch die DIN 18300 ff. enthalten in ihrem fünften Abschnitt Regelungen zur Abrechnung.

3. Das BerGer. hat einen Handelsbrauch, § 346 HGB, oder eine allgemeine Verkehrssitte, § 157 BGB, wonach die Abrechnung der Wärmedämmung auch ohne Einbeziehung der ATV nach den Maßen der Außenbekleidung erfolgt, nicht festgestellt (vgl. BGH, Urteil vom 2.7.1980 AZ VIII ZR 178/79, WM 1980, 1122). Es stützt sein Ergebnis vielmehr allein auf die Auslegung der in den Vertrag einbezogenen ATV.

4. Nach § 2 Nummer 2 VOB/B wird die Vergütung nach den vertraglichen Einheitspreisen und den tatsächlich ausgeführten Leistungen berechnet. Nach der allgemeinen Regelung der DIN 18299 Abschnitt 5 ist die tatsächlich ausgeführte Leistung aus Zeichnungen zu ermitteln, soweit die ausgeführte Leistung diesen Zeichnungen entspricht. Sind solche Zeichnungen nicht vorhanden, ist die Leistung aufzumessen. Diese Abrechnungsregel ist anwendbar, wenn die nachfolgenden gewerkespezifischen ATV keine besondere Regelung für die Abrechnung der Wärmedämmarbeiten vorsehen. Die Kl. beruft sich auf die Regelung in der DIN 18332 Naturwerksteinarbeiten Abschnitt 5.1.1.3. Danach sind bei der Ermittlung der Leistung, gleichgültig, ob sie nach Zeichnung oder nach Aufmaß erfolgt, bei Fassaden die Maße der Bekleidung zugrunde zu legen. Abschnitt 5.1.1.1 sieht vor, dass bei Innenbekleidungen …, Dämmschichten, … die Maße der zu bekleidenden Fläche zugrunde zu legen sind.

5. Die Auslegung des BerGer. ist rechtsfehlerhaft. Sie lässt das objektive Verständnis der beteiligten Verkehrskreise zu Unrecht außer Acht.

a) Die Abrechnungsregelungen der ATV enthalten vertragsrechtliche Regelungen. Sie nehmen Einfluss auf die Art der Abrechnung, § 14 Nr. 2 Satz 2 VOB/B. Damit bestimmen sie auch den Preis für die erbrachte Leistung. Sie sind wegen ihrer vertragsrechtlichen Bedeutung Allgemeine Geschäftsbedingungen (Beck´scher VOB-Komm. Teil C/Motzke, Syst IV Rn. 105 und Vogel, Syst V Rn. 17 sowie Kuffer, Syst VII Rn. 17; Kapellmann/Schiffers, Vergütung, Nachträge und Behinderungsfolgen beim Bauvertrag, Band 1, 4. Aufl., Rn. 146; Grauvogl, Jahrbuch Baurecht 1998, 315, 331). Die Auslegung der Abrechnungsregelungen hat nach Grundsätzen zu erfolgen, die die Rechtsprechung zur Auslegung von Allgemeinen Geschäftsbedingungen entwickelt hat.

b) Allgemeine Geschäftsbedingungen sind nach objektiven Maßstäben so auszulegen, wie an den geregelten Geschäften typischerweise beteiligte Verkehrskreise sie verstehen können und müssen (BGH, Urteil vom 23.3.2004 BGH Aktenzeichen XI ZR 14/03 m.w.N.). Dabei kann eine Differenzierung nach unterschiedlichen Verkehrskreisen geboten sein (Ulmer in Ulmer/Brandner/Hensen, AGBG, 9. Aufl., § 5 Rn. 16 mit Nachweisen zur Rechtsprechung). Werden die ATV in Verträgen zwischen Bauunternehmern vereinbart, so ist das den Wortlaut sowie den Sinn und Zweck der Regelung berücksichtigende, redliche Verständnis der Vertragspartner des Baugewerbes maßgebend.

c) Die Ausführungen des BerGer. lassen nicht erkennen, dass es von dieser Auslegungsregel ausgegangen ist. Vielmehr orientiert sich das BerGer. in erster Linie an der persönlichen Auffassung eines Sachverständigen.

aa) Zutreffend geht das BerGer. allerdings davon aus, dass sich aus dem Wortlaut der ATV nicht eindeutig entnehmen lässt, ob die DIN 18332 anwendbar ist, wenn Wärmedämmarbeiten isoliert beauftragt werden. Die DIN 18332 betrifft nach ihrer Benennung Natursteinarbeiten. Dämmarbeiten sind keine Natursteinarbeiten. Andererseits enthält die DIN 18332 Regelungen zur Dämmung im Zusammenhang mit Natursteinarbeiten, sowohl hinsichtlich der Stoffe (2.4) als auch hinsichtlich der Ausführung (3.5). Danach ist es nach dem Wortlaut der ATV nicht ausgeschlossen, dass die DIN 18332 auch für Dämmarbeiten als Grundlage von Natursteinarbeiten anwendbar ist, wenn diese isoliert vergeben werden.

bb) Aus Sinn und Zweck der Abrechnungsregel der DIN 18332 Abschnitt 5.1.1.3 lässt sich nichts Entscheidendes herleiten. Allein das Interesse an einer vereinfachten Abrechnung, wie sie DIN 18332 Abschnitt 5.1.1.3 vorsieht, rechtfertigt nicht die Anwendbarkeit der DIN 18332.

cc) Bei der Auslegung der ATV kommt der Verkehrssitte jedenfalls dann eine maßgebliche Bedeutung zu, wenn die ATV in ihrem Wortlaut nicht eindeutig ist und auch der Sinn und Zweck der Regelung einen eindeutigen Regelungsgehalt nicht erkennen lässt. Beide Parteien haben behauptet, die von ihnen favorisierte Abrechnung sei in der Natursteinbranche verkehrsüblich. Sie haben damit auch behauptet, dass im Baugewerbe die ATV in dem jeweils von ihnen vertretenen Sinn verstanden werden. Das BerGer. durfte diese Behauptungen nicht unberücksichtigt lassen.

Das LG hat darüber Beweis erhoben, ob die Schlussrechnung der Kl. prüffähig und sachlich richtig ist. Das BerGer. hat lediglich ergänzende Stellungnahmen eingeholt. Diese Beweiserhebung ist verfahrensfehlerhaft. Die von den Parteien aufgeworfene Frage, auf welcher vertraglichen Grundlage das Aufmaß zu nehmen ist, ist eine Rechtsfrage. Diese Rechtsfrage ist einer Begutachtung durch einen Bausachverständigen nicht zugänglich.

Die Vorgerichte wären nicht gehindert gewesen, zur Ermittlung der notwendigen tatsächlichen Grundlagen für die von ihnen vorzunehmende Auslegung der ATV Beweis darüber zu erheben, wie die herangezogenen ATV im Baugewerbe verstanden werden. Diese Beweisfrage kann auch durch ein Gutachten eines Bausachverständigen beantwortet werden (vgl. BGH, Urteil vom 9.2.1995 – AZ VII ZR 143/93, BauR 1995, 538). Der Gutachter muss die Beweisfrage frei von nicht belegbaren Wertungen beantworten und darlegen, auf welcher Grundlage er der Auffassung ist, dass ATV im Baugewerbe in einem bestimmten Sinne verstanden werden. Dazu muss er, wenn nicht bereits Stellungnahmen der beteiligten Verkehrskreise oder z.B.

Maßgebliche Rechtsprechung zur VOB/C

der Industrie- und Handelskammern sowie der Handwerkskammern vorliegen, in geeignetem Umfang Erkundigungen einholen und diese Quellen offen legen. Eine Kommentierung der VOB/C in der Literatur, wie sie z.b. von Franz in Damerau/Tauterat, VOB im Bild, Hochbau- und Ausbauarbeiten, vorgenommen wird, ist grundsätzlich nicht maßgebend für das objektive Verständnis der ATV. Sie ist nur dann eine geeignete Hilfe für deren Auslegung, wenn sie vom Baugewerbe als maßgebliche Darstellung akzeptiert wird und deshalb das objektive Verständnis der ATV wiedergibt.

d) Der Senat ist auf der Grundlage der bisherigen Beweiserhebung nicht in der Lage, selbst zu entscheiden. Die Ausführungen des Sachverständigen und die sonstigen Unterlagen bieten keine hinreichende Grundlage für eine Entscheidung darüber, wie die ATV auszulegen sind.

aa) Der Sachverständige hat die Anwendung der DIN 18332 im Wesentlichen damit begründet, dass es sich bei der Leistung der Bekl. um Fassadenarbeiten handelt. Im Grundsatz seien die Abrechnungsregeln für Fassaden identisch in der DIN 18351 Abschnitt 5.1.1 und in der DIN 18332 Abschnitt 5.1.1.3. In der Praxis bedeute die Kommentierung in Damerau/ Tauterat, VOB im Bild, zu diesem Punkt, die Fassade sei im Paket aufzumessen. Das gelte auch für den Fall, dass die Dämmung isoliert vergeben würde. Etwas anderes hätte in den Ausschreibungsunterlagen klargestellt werden müssen. Eine Abrechnung der Dämmung nach Aufmaß sei nur mit einem verhältnismäßig hohen Aufwand möglich. Nicht zuletzt, um einen unverhältnismäßigen Abrechnungsaufwand auszuschließen, seien die Abrechnungsregeln der VOB Teil C und die Erläuterungen der VOB im Bild geschaffen worden.

Auf die Frage, welche Art der Abrechnung verkehrsüblich sei, hat der Sachverständige erwidert, es werde das als verkehrsüblich zu erachten sein, was eben die VOB vorschreibe. Dazu habe er Stellung genommen. Zudem hat er erklärt, im Falle solcher Fassaden sei ihm noch nie etwas anderes als die Abrechnung der Kl. vorgekommen. Fassadenarbeiten seien zwar nicht ausgesprochen seine Spezialität, er komme aber immer wieder bei verschiedenen Bauvorhaben mit Fassaden in Berührung.

bb) Mit seinen Ausführungen hat der Sachverständige zu dem vorrangig zu klärenden Punkt, ob die DIN 18332 auch dann anwendbar ist, wenn die Dämmarbeiten isoliert vergeben werden, lediglich seine an Zweckmäßigkeitsgesichtspunkten orientierte Rechtsauffassung wiedergegeben. Die Ausführungen belegen nicht, dass im Baugewerbe die DIN 18332 auch bei isolierter Beauftragung der Wärmedämmarbeiten für anwendbar gehalten wird. Die Bekl. hat dargelegt, dass diese Abrechnung zu einer erheblichen Abweichung von den tatsächlichen Leistungen zu Lasten des Auftraggebers führt und die Zweckmäßigkeitserwägungen beim Bau einer kompletten Fassade nicht zwingend auch dann greifen, wenn die Wärmedämmung isoliert in Auftrag gegeben wird. Hinzu kommt, dass der Privatgutachter K. jedenfalls das Ergebnis des gerichtlichen Gutachtens nicht geteilt hat. Dieser hat seine gutachterliche Stellungnahme unter dem Briefkopf des Fachverbandes „Deutscher Naturwerkstein-Verband e.V." abgegeben. Seiner Stellungnahme ist zu entnehmen, dass die Abrechnung nach Abschnitt 5.1.1.3 nicht ungeteilte Zustimmung im Baugewerbe findet. Sie deutet auf die Möglichkeit hin, dass die DIN 18332 überhaupt nicht für anwendbar gehalten wird. So ist erklärlich, dass Herr K. die Regelung der DIN 18332 Abschnitt 5.1.1.1 nur „entsprechend" angewendet wissen will. Das BerGer. hat den Hinweis auf die „entsprechende" Anwendung missachtet und so einen Widerspruch in der gutachterlichen Stellungnahme angenommen.

cc) Auch die sonstigen in den Akten befindlichen Stellungnahmen verschaffen nicht den Eindruck, dass die DIN 18332 in dem von der Kl. gewollten Sinne verstanden wird. Nach Damerau/Tauterat, VOB im Bild, Hochbau- und Ausbauarbeiten, 16. Aufl., S. 114, sind mit der Herstellung der Fassade verlegte Dämmschichten, Trag- und Unterkonstruktionen grundsätzlich mit den Maßen der Fassadenbekleidung abzurechnen. Dabei sei ohne Bedeutung, ob diese in einer oder in verschiedenen Leistungspositionen vorgegeben seien. Maßgebend sei, dass die Leistung als einziger Auftrag vergeben sei. Nichts anderes kann der mündlichen Stellungnahme des Bearbeiters der „VOB im Bild" Franz gegenüber dem gerichtlichen Sachverständigen entnommen werden. Danach ist ungeachtet des Umstandes, dass die Kommentierung der ATV grundsätzlich nicht maßgebend für deren objektives Verständnis ist, lediglich gesagt, dass bei einer einheitlichen Beauftragung von Fassaden und Wärmedämmung eine Abrechnung nach einheitlichen Maßen stattfindet.

Auf die von der Revision eingeführten weiteren Stellungnahmen des Herrn Franz, die letztlich auf seine Kommentierung der VOB im Bild Bezug nehmen, kommt es nicht an.

III.

Das Berufungsurteil ist danach aufzuheben. Die Sache ist an das BerGer. zurückzuverweisen. Es erhält Gelegenheit, die Auslegung der ATV erneut vorzunehmen und die dafür notwendigen Grundlagen, möglicherweise durch Einholung von Stellungnahmen der beteiligten Verkehrskreise oder des Gutachtens eines anderen Sachverständigen, zu ermitteln.

Maßgebliche Rechtsprechung zur VOB/C

Vorsorglich weist der Senat auf Folgendes hin:

a) Das BerGer. ist auf der Grundlage des Sachverständigengutachtens der Auffassung, dass DIN 18332 Abschnitt 5.1.1.3 und nicht Abschnitt 5.1.1.1 anzuwenden ist. Dem ist die Bekl. entgegengetreten. Insoweit gelten die gleichen Erwägungen, wie sie der Senat zur Anwendung der DIN 18332 auf eine isolierte Beauftragung der Wärmedämmung angestellt hat. Der Sachverständige hat im Wesentlichen Zweckmäßigkeitserwägungen angestellt. Dabei hat er sich über den Wortlaut der DIN 18332 Abschnitt 5.1.1.1 hinweggesetzt. Danach findet bei Dämmschichten eine Abrechnung nach der zu belegenden Fläche statt. Inwieweit nach der Verkehrssitte diese Abrechnungsregelung entgegen ihrem Wortlaut bei Fassadenarbeiten außer Kraft gesetzt ist, hat das BerGer. nicht festgestellt. Der Umstand, dass die ATV eine vereinfachte Abrechnung bezwecken, zwingt nicht dazu, die Dämmschicht bei Fassaden nach dem Maß der Bekleidung abzurechnen. Auch die in Abschnitt 5.1.1.1 vorgesehene Abrechnung nach dem Maß der zu belegenden Fläche erlaubt im Zusammenspiel mit den Regelungen der Abschnitte 5.1.3 und 5.2 eine vereinfachte Abrechnung, die im Übrigen der tatsächlichen Leistung näher kommt, als die Abrechnung nach dem Maß der Bekleidung.

b) Zweifel bei der Auslegung der ATV gehen nach § 5 AGBG zu Lasten des Verwenders. Diese Regelung gilt sowohl für die Frage, ob im Gesamtsystem der VOB/C die Regelung der DIN 18299 Abschnitt 5 oder der DIN 18332 eingreift, als auch für die Frage, ob bei Anwendung der DIN 18332 deren Abschnitt 5.1.1.1 oder Abschnitt 5.1.1.3 anwendbar ist.

c) Der Senat weist weiter vorsorglich darauf hin, dass nach der gebotenen Aufklärung des Verständnisses der ATV eine erneute Zulassung der Revision nicht geboten ist. Das BerGer. hat keine Divergenzen aufgezeigt, die es rechtfertigen könnten, die Revision zur Sicherung einer einheitlichen Rechtsprechung zuzulassen. Ebenso wenig begründet allein der Umstand, dass der BGH über die Auslegung einer ATV noch nicht entschieden hat, die Annahme einer grundsätzlichen Bedeutung im Sinne des § 543 Absatz II Abschnitt 1 ZPO.

Maßgebliche Rechtsprechung zur VOB/C

Die nachfolgende Entscheidung befasst sich mit der klassischen Prüfung, die der VII. Senat regelmäßig vornimmt, wenn es um die Frage der Nachtragsfähigkeit geht. In diesem Zusammenhang prüft der Senat die Anwendbarkeit der Regelungen der VOB/C und der Bodenbedingungen.

6. BGH, Urteil vom 10.4.2014 – VII ZR 144/12 (IBR 2014, 328)

Gründe

I.

Die Klägerin verlangt von den Beklagten eine zusätzliche Vergütung für Verbaumaßnahmen.

Mit Bauvertrag vom 18. Juli 2006, dem eine Ausschreibung der Beklagten vorausgegangen war, verpflichtete sich die Klägerin zu Bauleistungen für die Grunderneuerung einer S-Bahn, u.a. auch zu Kabeltiefbauleistungen, die im Zusammenhang mit der Erneuerung von Kabeltrassen und Gleisquerungen zu erbringen waren. Die Geltung der VOB/B 2002 und der VOB/C 2002 waren vereinbart. Die Kabeltiefbauarbeiten sind im Leistungsverzeichnis unter Titel 4 aufgeführt. In der Unterposition 4.1 „Kabeltiefbauarbeiten im Bereich der S-Bahnüberbauung B." finden sich zunächst Unterpositionen zur Baustelleneinrichtung und zur Technischen Bearbeitung. Sodann enthält die Leistungsbeschreibung nach der Unterposition 4.01.50 einen Vermerk, wonach in „Positionen dieses Unterloses" u.a. bauzeitliche Verbaue einzurechnen sind. Es folgen sodann Positionen zu weiteren Leistungen für den Bereich S-Bahnüberbauung B. Unter den Unterpositionen 4.4 „Kabeltiefbauarbeiten im Bereich der Fernbahnüberbauten B.", 4.7 „Kabeltiefbauarbeiten im Bereich der S-Bahnüberbauten Br." und 4.10 „Kabeltiefbauarbeiten im Bereich der Fernbahnüberbauten Br." sind die vertraglichen Leistungen ausgeschrieben, ohne dass der Verbau erneut erwähnt wird.

Die Klägerin macht geltend, die für die Arbeiten nach den Untertiteln 4.4, 4.7 und 4.10 notwendig gewesenen Verbaue seien besondere, im Leistungsverzeichnis nicht besonders erwähnte Leistungen, die gesondert zu vergüten seien, und verlangt eine zusätzliche Vergütung in Höhe von 118.562,58 €.

Das Landgericht hat die Klage abgewiesen. Die Berufung der Klägerin ist erfolglos geblieben. Mit der Nichtzulassungsbeschwerde verfolgt die Klägerin ihren Zahlungsantrag weiter.

Maßgebliche Rechtsprechung zur VOB/C

II.

Das Berufungsgericht führt aus, die Klägerin habe keinen Anspruch auf Zahlung des geforderten Werklohns, weil die streitgegenständlichen Verbaumaßnahmen zu den Pos. 4.4, 4.7 und 4.10 des Leistungsverzeichnisses vom ursprünglichen Bausoll umfasst und von dem vereinbarten Preis abgegolten seien. Für die Abgrenzung zwischen vertraglich geschuldeten und zusätzlichen Leistungen komme es allein auf den Inhalt der Leistungsbeschreibung und nicht auf die Unterscheidung in den DIN-Vorschriften zwischen Nebenleistungen und Besonderen Leistungen an. Welche Leistungen durch die Leistungsbeschreibung erfasst seien, sei gemäß den §§ 133, 157 BGB durch Auslegung zu ermitteln. Dabei sei das gesamte Vertragswerk zugrunde zu legen. Hierzu gehörten auch die Allgemeinen Technischen Bestimmungen für Bauleistungen der VOB/C, wenn diese vereinbart sei. Das Leistungsverzeichnis sei dahin auszulegen, dass die Klägerin den Verbau für sämtliche in Titel 4 ausgeschriebenen Baugruben schuldete und deshalb keine zusätzliche Vergütung dieser Leistungen verlangen könne. Dies ergebe sich aus der Bemerkung nach Pos. 4.01.50. Der Begriff „Unterlos" beziehe sich auf die unter Ziffer 4 des Leistungsverzeichnisses genannten Kabeltiefbauarbeiten. Die Regelungen des Vertrags und des Leistungsverzeichnisses gingen den an letzter Stelle genannten Regelungen der VOB/C insoweit vor. Es handele sich bei der Klausel um eine Vorbemerkung für die nachfolgend aufgeführten Positionen. In ihr werde klargestellt, dass der Verbau insgesamt einzukalkulieren sei.

Falls die Klägerin Zweifel am Umfang der geforderten Leistung gehabt hätte, hätte sie dies zum Ausdruck bringen müssen, weil es sich nicht um einen „versteckten Hinweis" gehandelt habe. Ein Auftragnehmer, der bei für ihn erkennbar lückenhaftem Leistungsverzeichnis ohne vernünftigen Bezug zur Ausschreibung mehr oder weniger „ins Blaue hinein" kalkuliere und damit die Gefahr späterer Nachforderungen heraufbeschwöre, um daraus Vorteile zu ziehen, ohne seine Aussichten auf Erteilung des Zuschlags aufs Spiel zu setzen, könne sich nicht auf enttäuschtes Vertrauen berufen.

Da die streitgegenständlichen Verbaumaßnahmen zum ursprünglichen Bausoll gehörten, könne in der Freigabe der Ausführungspläne seitens der Beklagten keine Anordnung nach § 2 Nummer 6 VOB/B gesehen werden. Ebenso wenig liege ein Anerkenntnis der Beklagten vor, das einen Anspruch der Klägerin nach § 2 Nr. 8 Abs. VOB/B, § 2 Absatz 2 VOB/B zur Folge haben könnte.

Maßgebliche Rechtsprechung zur VOB/C

III.

Die Beschwerde der Klägerin gegen die Nichtzulassung der Revision in dem angefochtenen Urteil hat keinen Erfolg. Es besteht kein Grund, die Revision zuzulassen.

Die Entscheidung des Berufungsgerichts weicht entgegen der Auffassung der Beschwerde nicht von der Rechtsprechung des Senats ab. Der Beschwerde ist allerdings zuzugeben, dass das Berufungsgericht einleitend missverständlich formuliert, wenn es meint, für die Abgrenzung zwischen unmittelbar vertraglich geschuldeten und zusätzlichen Leistungen komme es allein auf den Inhalt der Leistungsbeschreibung und nicht auf die Unterscheidung in den DIN-Vorschriften zwischen Nebenleistungen und Besonderen Leistungen an. Diesen Rechtssatz hat es der Entscheidung des Bundesgerichtshofs vom 28. Februar 2002 – AZ VII ZR 376/00, BauR 2002, 935, entnommen. Es wendet diesen Rechtssatz aber nicht in der Weise an, dass es allein auf die Leistungsbeschreibung ankäme und die Regelungen zu den Besonderen Leistungen in den Abschnitten 4 der DIN 18299 ff. keine Rolle spielten. Vielmehr erkennt es, dass der Bundesgerichtshof seine Rechtsprechung im Urteil vom 27. Juli 2006 – BGH AZ VII ZR 202/04, BGHZ 168, 368, 374, dahin klargestellt hat, dass bei der Prüfung, welche Leistungen von der Vergütungsvereinbarung erfasst sind, das gesamte Vertragswerk zugrunde zu legen ist und insoweit auch Abschnitt 4 der Allgemeinen Technischen Vertragsbedingungen zu berücksichtigen ist.

Demgemäß befasst sich das Berufungsgericht folgerichtig mit der Frage, ob der Verbau, der gemäß Abschnitt 4.2.12 der DIN 18300 eine Besondere Leistung ist, in der Leistungsbeschreibung besonders erwähnt und deshalb von der Vergütungsvereinbarung erfasst ist. Das Berufungsgericht hat in revisionsrechtlich nicht zu beanstandender Weise entschieden, die Leistungsbeschreibung bringe klar und unmissverständlich zum Ausdruck, dass die nach Pos. 4.01.50 des Leistungsverzeichnisses enthaltene Formulierung, wonach in Positionen „dieses Unterloses" auch bauzeitliche Verbaue einzukalkulieren sind, als umfassende Vorbemerkung auch die Positionen 4.4, 4.7 und 4.10 erfasst.

Die gegen diese Auslegung vorgebrachten Einwendungen können die Zulassung der Revision nicht rechtfertigen. Insbesondere können sie nicht belegen, dass keine klare vertragliche Regelung vorliegt, wonach der gesamte, für die Position „Kabeltiefbauarbeiten" erforderliche Verbau in die Preise einzukalkulieren ist. Zu Recht hebt das Berufungsgericht hervor, dass der Auftragnehmer gehalten ist, das gesamte Leistungsverzeichnis zur Kenntnis zu nehmen. Das zeugt nicht von Praxisferne, wie die Beschwerde meint, sondern ist unabdingbare Voraussetzung für eine vertragsgerechte Kalkulation. Die Beschwerde kann auch nicht darlegen, dass die Voraussetzungen einer besonderen Erwähnung der Besonderen Leistungen gemäß Abschnitt 4 der DIN 18299 nicht vorlägen. Nach der revisionsrechtlich nicht angreifbaren Auffassung des Berufungsgerichts war der Hinweis dazu, dass der Verbau einzukalkulieren ist, systematisch als Vorbemerkung zu verstehen, die die nachfolgenden einschlägigen Positionen erfasst. Das ist eine ausreichende besondere Erwähnung im Sinne des Abschnitts 4 der DIN 18299. Ein Klärungsbedarf ist insoweit nicht erkennbar und wird von der Beschwerde auch nicht geltend gemacht.

Soweit das Berufungsgericht erwähnt, die Klägerin hätte Zweifel über das Verständnis der Vorbemerkung nach Pos. 4.01.50 zum Ausdruck bringen müssen, ist das für das Ergebnis ohne Belang. Denn die Ausschreibung ist nach dem Verständnis des Berufungsgerichts klar, sodass die Klägerin ihre Preise sicher und ohne umfangreiche Vorarbeiten berechnen konnte. An diesem Ergebnis hätte auch ein Hinweis der Klägerin über ihr Verständnis der Ausschreibung nichts geändert. Der Senat hat mehrfach darauf hingewiesen, dass das Ergebnis einer objektiven Auslegung nicht davon abhängt, ob der Auftragnehmer auf bestehende oder angenommene Unklarheiten hingewiesen hat (vgl. zuletzt BGH, Urteil vom 12. September 2013 – AZ VII ZR 227/11, BauR 2013, 2017). Auch die Erwägungen des Berufungsgerichts dazu, dass ein Auftragnehmer keinen Vorteil daraus ziehen kann, dass er mehr oder weniger „ins Blaue" kalkuliert hat, treffen diesen Fall nicht. Sie ändern aber nichts an dem zutreffenden Ergebnis des Berufungsgerichts.

Die nachfolgende Entscheidung befasst sich ebenfalls sehr intensiv mit Baugrund- und Tiefbaurechtsfragen, namentlich mit dem „Baugrundrisiko". Entgegen einzelner (und verfehlter) Publikationen zu dieser Entscheidung ist hierzu eines klar festzustellen, wie der damals zuständige Berichterstatter im VII. Zivilsenat, Dr. Johann Kuffer, in der Festschrift für Klaus Englert zweifelsfrei niedergeschrieben hat: *„Das Baugrundrisiko ist vom VII. Senat eindeutig als existierendes Rechtsinstitut festgestellt worden."* Genau dies kommt in der nachstehenden Entscheidung eindrucksvoll zum Ausdruck. Beachtlich ist aber auch, dass selbstverständlich in diesem Kontext das Primat der Vertragsauslegung bzw. Anwendung des zugrunde liegenden Vertrags zu beachten ist. Einfach gesagt: Das „Baugrundrisiko" gibt es selbstverständlich. Aber: Zunächst einmal müssen die Parteien den zugrunde liegenden Vertrag sehr sorgfältig prüfen, ob für die jeweils auf der Baustelle eingetretenen Umstände nicht eine vertragliche Regelung vorhanden ist.

Maßgebliche Rechtsprechung zur VOB/C

Sehr häufig ist genau dies der Fall: Denn z.b. kann es sein, dass eine Regelung innerhalb der VOB Teil C (insbesondere in den Abschnitten 3 der jeweiligen Normen) einschlägig ist. Dann bedarf es der Rechtsfigur des „Baugrundrisikos" gerade nicht, weil es – vorrangig – eine vertragliche Regelung für abweichende Bodenverhältnisse etc. bereits gibt.

7. BGH, Urteil vom 20.8.2009 – VII ZR 205/07

Leitsätze des Gerichts (gekürzte Fassung)

1. bis 5. [...]
6. *Sind in einem der Ausschreibung beiliegenden Bodengutachten bestimmte Bodenverhältnisse beschrieben, werden diese regelmäßig zum Leistungsinhalt erhoben, wenn sie für die Leistung des Auftragnehmers und damit auch für die Kalkulation seines Preises erheblich sind. Ordnet der Auftraggeber die Leistung für tatsächlich davon abweichende Bodenverhältnisse an, liegt darin eine Änderung des Bauentwurfs, die zu einem Anspruch auf eine veränderte Vergütung gemäß § 2 Nr. 5 VOB/B führen kann.**
7. *Gibt der Auftragnehmer ein funktionales Angebot für eine von dem Vertrag abweichende Ausführung von Gründungsarbeiten ab, für die eine von ihm einzuholende öffentlich-rechtliche Zustimmung im Einzelfall (Z.i.E.) notwendig ist, kann dessen Annahme durch den Auftraggeber unter dem Vorbehalt, dass die Z.i.E. erteilt wird, nicht dahin ausgelegt werden, der Auftraggeber wolle das funktionale Angebot in ein detailliertes Angebot in der Weise ändern, dass die Auflagen der zunächst erteilten Z.i.E. den Vertragsinhalt bestimmen und die sich aus weiteren Auflagen ergebenden Mehrkosten von ihm zu übernehmen sind (hier: Nachtrag zur Z.i.E. für das Pfahlsystem Soil-Jet-Gewi einschließlich Verbundkonstruktion am Pfahlkopf mit einer HDI-Sohle).**
8. [...]

Tatbestand

1 Die Klägerin macht Mehrkosten für die Erstellung der Baugrube der Schleuse U. II geltend.

2 Die Klägerin, eine ARGE, wurde von der Beklagten am 11. März 1998 nach öffentlicher Ausschreibung mit den Bauarbeiten zur Errichtung der Schleuse U. II beauftragt. Zum Baugrund lagen den Bietern eine geotechnische Stellungnahme der Bundesanstalt für Wasserbau (BAW) vom 27. Juni 1997, ein erstes Baugrundgutachten (BAW) vom 12. Oktober 1995, ein Gutachten über die Geschiebemergel (BAW) vom 9. August 1972,

Maßgebliche Rechtsprechung zur VOB/C

eine Baugrund- und Bodenuntersuchung (BAW) vom 29. Juni 1970 und eine Untersuchung von Geschiebemergel vom 2. September 1970 vor.

3 Die Arbeiten wurden ausgeführt und im November 2006 abgenommen. Eine Schlussrechnung ist bisher nicht erstellt. Die Klägerin verlangt Mehrvergütung für Mehrzement und erhöhten Suspensionsrückfluss, die sie aus Folgendem herleitet:

4 Der Auftrag vom 11. März 1998 sah als Baugrube eine Unterwasserbetonsohle mit Rückverankerung durch GEWI-Pfähle vor. Ein Nebenangebot der Klägerin (Nr. 11), das eine Aussteifung und eine HDI-Sohle der Baugrube vorsah, war von der Beklagten abgelehnt worden. Im Rahmen der Ausführung bot die Klägerin am 18. Juni 1998 als Nachtragsangebot Nr. 2 anstelle der beauftragten 1,50 m starken Unterwasserbetonsohle eine HDI-Sohle als „ideale Ergänzung" an. Die Sohle wird in Anlage 10 des Nachtragsangebots wie folgt beschrieben:

5 *„N 1/003 Rückverankerte HDI-Sohle; D = 1,5 m, OK HDI ca. 4 m unter Aushubsohle, Rückverankerung mit Jet-GEWI-Pfählen nach statischen Erfordernissen; einschließlich Restwasserhaltung".* Das Angebot weist eine Menge von 13.253 m², einen Einheitspreis von 1.302,74 DM und einen Gesamtpreis von 17.265.213,22 DM aus. Die Sohlstärke sollte unverändert 1,50 m betragen, die Rückverankerung „mittels im SOIL-Jet-Verfahren hergestellter GEWI-Pfähle" erfolgen.

6 Die Beklagte erteilte am 29. Juni 1998 mündlich und am 19. August 1998 schriftlich als Nachtrag zum Hauptauftrag vom 11. März 1998 den Auftrag für dieses Angebot „unter dem Vorbehalt der Genehmigung der Zulassung im Einzelfall für das Pfahlsystem Soil-Jet-Gewi einschließlich der Verbundkonstruktion am Pfahlkopf".

7 Im Schreiben vom 19. August 1998 wies die Beklagte darauf hin, dass der Vorbehalt, welcher bereits in demselben Wortlaut bei der fernmündlichen Genehmigung am 29. Juni 1998 ausgesprochen worden sei, erst mit Vorlage der vorgenannten Genehmigung als ausgeräumt gelte.

8 Mit dem Nachtrag sollten Minderkosten in Höhe von 609.580,40 DM entstehen.

9 Lediglich für die HDI-Sohle bestand eine allgemeine bauaufsichtliche Zulassung. Da es sich bei der im Nachtrag angebotenen Konstruktion um eine Kombination des von der Zulassung erfassten Soil-Jet-Verfahrens für die HDI-Sohle und Soil-Jet-Gewi-Pfählen handelte, war die Zu-

Maßgebliche Rechtsprechung zur VOB/C

stimmung im Einzelfall (Z.i.E.) erforderlich für die Herstellung der Gewi-Pfähle im Soil-Jet-Verfahren (= Düsverfahren) und der Verankerung (Verbund) der Gewi-Pfähle in der HDI-Sohle (Kopfverankerung).

10 Die für die Klägerin tätige I. GmbH stellte am 7. Juli 1998 beim Neubauamt für den Ausbau des M.-Kanals H. den Antrag auf Z.i.E. für die „Anwendung des Pfahlsystems Soil-Jet-Gewi". Am 5. März 1999 stimmte das Bundesministerium für Verkehr, Bau- und Wohnungswesen der beantragten „Anwendung des Pfahlsystems SOIL-Jet-GEWI" zu.

11 Am 14./26. Mai 1999 stellte die I. GmbH einen Ergänzungsantrag in Bezug auf die Z.i.E. Sie begründete dies damit, dass die Anwendung der genehmigten Herstellparameter im Baufeld zu große bzw. zu kleine und über die Einzelsäule unterschiedliche Säulendurchmesser ergeben habe. Dies führe zu Änderungen in der Qualität der Sohle. Sie schlug „den Umstieg von luftummantelten Wasserschneidstrahl der oberen Düse auf einen luftummantelten Zementschneidstrahl vor".

12 Am 19. August 1999 stimmte das Bundesministerium für Verkehr, Bau- und Wohnungswesen der beantragten Änderung zu und wies darauf hin, dass das Schreiben vom 5. März 1999 weiterhin Gültigkeit habe. Die einzuhaltenden Auflagen wurden in der Anlage 1 zum Schreiben zusammengestellt.

13 Die Klägerin macht Vergütungsansprüche für Mehrzement und erhöhten Rückfluss in Höhe von 9.583.278,75 € zuzüglich Zinsen geltend. Sie ist der Meinung, diese Kosten seien nicht vom vertraglich geschuldeten Leistungsumfang erfasst. Jedenfalls schulde die Beklagte die Mehrkosten, weil sie das Risiko des von den vertraglichen Grundlagen abweichenden Baugrunds trage.

14 Diese Vergütungsansprüche sowie weitere nicht in den Rechtsstreit einbezogene Folgekosten meldete die Klägerin als Nachtragsangebot Nr. 11 und als Nachtragsangebot Nr. 19 an. Sie stellte diese zunächst in die geprüften Abschlagsrechnungen vom 11. Januar 2000 und vom 7. Februar 2000 ein. Insofern erfolgte kein Ausgleich durch die Beklagte. Die Klägerin stellte diese Position alsdann als Nachtrag NA 27 in die 92. Abschlagsrechnung ein.

15 Das Landgericht hat die Klage für zulässig gehalten, jedoch als unbegründet abgewiesen, weil der Klägerin unter keinem rechtlichen Gesichtspunkt Ansprüche auf Ersatz der Mehrkosten zustünden, die auf der tatsächlichen Beschaffenheit des Bodens im Bereich der unteren

Maßgebliche Rechtsprechung zur VOB/C

Sande (extreme Dichte und extreme Schwankungen) beruhten. Es hat darauf hingewiesen, dass von der Entscheidung nicht berührt seien die Mehrkosten durch den gewölbten Anschluss der Sohle an die Schlitzwände. Diese Kosten seien nicht Gegenstand des Rechtsstreits, wie die Klägerin ausdrücklich klargestellt habe.

16 Hiergegen hat die Klägerin Berufung eingelegt mit dem Antrag, den Klageanspruch jedenfalls dem Grunde nach für gerechtfertigt zu erklären. In der Berufungsschrift hat sie erklärt, das Landgericht habe zu Recht festgestellt, dass Mehrvergütungsansprüche nicht von der Klage erfasst seien, die auf der gewölbten Sohle beruhten.

17 Das Berufungsgericht, dessen Entscheidung in BauR 2008, 681 veröffentlicht ist, hat die Klage „dem Grunde nach für gerechtfertigt erklärt, soweit die Klägerin Mehrvergütungsansprüche wegen entstandener Mehrkosten für Zementverbrauch und Suspensionsrückfluss geltend macht, die darauf beruhen, dass die durchschnittliche Säulenhöhe der HDI-Sohle sich auf mehr als 1,55 m erhöht hat, weil der Anschluss des Randbereiches der Sohle an die Schlitzwände mittels Ausbildung einer Krümmung statt ursprünglich vorgesehener kurzer Abtreppung ausgeführt worden ist sowie die HDI-Sohle im sogenannten Zement-Zement-Verfahren und mit den in der ersten Ergänzung zur Zulassung im Einzelfall (Z.i.E.) vom 19. August 1999 (Anlage K 12) festgelegten Herstellparametern ausgeführt worden ist anstelle einer Ausführung entsprechend den Vorgaben der Z.i.E. vom 5. März 1999 (Anlage K 10)".

18 Wegen des Streits über den Betrag der vorbezeichneten Ansprüche hat das Berufungsgericht die Sache an das Landgericht zurückverwiesen. Mit Beschluss vom 3. Dezember 2007 hat das Berufungsgericht den Tenor seines Urteils wie folgt berichtigt: „Im Übrigen wird die Berufung zurückgewiesen."

19 Das Berufungsgericht hat die Revision zugelassen, soweit es die Zulässigkeit der Klage bejaht hat.

20 Die Beklagte begehrt mit ihrer Revision die Zurückweisung der Berufung der Klägerin und die Abweisung der Klage. Mit ihrer Anschlussrevision erstrebt die Klägerin die Feststellung, dass die Klage insgesamt dem Grunde nach gerechtfertigt ist.

Entscheidungsgründe

21 Die Revision und die Anschlussrevision führen zur Aufhebung des Berufungsurteils und zur Zurückverweisung der Sache an das Berufungsgericht.

Maßgebliche Rechtsprechung zur VOB/C

I.

27 2. Die streitgegenständlichen Mehrforderungen seien dem Grunde nach teilweise gegeben.

28 a) Wegen der Mehrkosten für Zementverbrauch und Suspensionsrückfluss, die auf einer Erhöhung der durchschnittlichen Sohlsäulenhöhe wegen einer geänderten „Sohlgeometrie" beruhten (Anschluss des Randbereichs der Sohle mittels Ausbildung einer Krümmung statt ursprünglich vorgesehener kurzer Abtreppung), bestehe der Anspruch dem Grunde nach gemäß § 2 Nr. 5 VOB/B. Der ursprüngliche Bauentwurf habe eine horizontal abgetreppte Randausführung vorgesehen. Bei der Anordnung der Beklagten im Schreiben vom 5. November 1999 handele es sich um eine Änderung des Bauentwurfs im Sinne von § 1 Nr. 3 VOB/B. Nach dem Vorbringen der Klägerin und den hierzu vorgelegten Berechnungen der Sachverständigen wirke sich die Krümmung dahingehend aus, dass sich die durchschnittliche Stärke der HDI-Sohle von 1,55 m auf 1,718 m erhöhe.

29 Über diesen Teil der Klageforderung habe das Landgericht zwar nicht entschieden und insofern sei zunächst auch kein Berufungsangriff geführt worden. Gleichwohl könne der Senat darüber mit entscheiden; denn das angefochtene Urteil stelle sich insofern als (unerkanntes) Teilurteil dar. Der Senat mache daher von der Möglichkeit Gebrauch, zur Beseitigung des Verfahrensfehlers den anhängig gebliebenen Teil des Rechtsstreits an sich zu ziehen. Zudem wäre aufgrund des vor dem Senat in voller Höhe gestellten Sachantrags eine gemäß § 533 ZPO zulässige erneute Geltendmachung des Anspruchs anzunehmen.

30 b) Ein Mehrvergütungsanspruch für Zementverbrauch und Suspensionsrückfluss, die auf einer Änderung des Verfahrens und der Herstellparameter für die Säulen der HDI-Sohle beruhten, bestehe insoweit, als der Mehraufwand durch die Ausführung entsprechend der ersten Ergänzung zur Zulassung im Einzelfall (Z.i.E.) vom 19. August 1999 gegenüber der Ausführung entsprechend der Z.i.E. vom 5. März 1999 entstanden sei. Die Klägerin habe in ihrer letzten Angebotsfassung vom 18. Juni 1998 nach dem von ihr konzipierten Leistungsverzeichnis eine erfolgsorientiert beschriebene Leistung, nämlich die Erstellung einer 1,5 m starken rückverankerten HDI-Sohle zu einem Quadratmeterpreis von 1.302,74 DM angeboten. Dieses Angebot sei dahin auszulegen, dass ungeachtet der Bodenverhältnisse vom angebotenen Einheitspreis auch die von ihr selbst als Dreifachverfahren bezeichnete Herstellungsvarian-

te umfasst gewesen sei, die später Gegenstand der ersten Z.i.E. vom 5. März 1999 gewesen sei. Insofern räume die Klägerin selbst ein, dass die Herstellparameter aufgrund des Angebots noch nicht bestimmt gewesen seien und dass das aus etwaigen Änderungen folgende Mengenrisiko grundsätzlich zu ihren Lasten gehe.

31 Die Beklagte habe das Angebot nicht in unveränderter Form, sondern unter weitgehender Abänderung seines Inhalts angenommen, womit sich anschließend die Klägerin wiederum einverstanden erklärt habe. Deshalb sei ein bestimmtes Herstellverfahren – so wie es in der Z.i.E. vom 5. März 1999 neben den darin in Bezug genommenen Antragsunterlagen in ihrer letzten Fassung vom 21. Dezember 1998 beschrieben sei – Vertragsinhalt geworden. Dies ergebe sich aus der schriftlichen Annahmeerklärung der Beklagten vom 19. August 1998. Mit der Z.i.E., die von der Beklagten selbst erteilt worden sei und mit der der Vorbehalt vom 19. August 1998 ausgefüllt worden sei, seien sowohl ein ganz bestimmtes Herstellverfahren als auch ganz konkrete Herstellparameter angeboten worden. Die in der Z.i.E. enthaltenen Festlegungen in Form von Auflagen seien Vertragsinhalt geworden. Daraus folge, dass die Klägerin keinen Mehrvergütungsanspruch für die Leistung entsprechend den Vorgaben der Z.i.E. vom 5. März 1999 habe. Insoweit habe die Klägerin in Kenntnis der zwischenzeitlich zu Tage getretenen Bodenverhältnisse akzeptiert, dass diese Leistung zu dem von ihr angebotenen Einheitspreis zu erbringen gewesen sei.

32 Die Beklagte habe anschließend Einfluss auf das Herstellungsverfahrens genommen u.a. mit der Aufforderung zur Einstellung der Arbeiten wegen fehlender Zustimmung der Beklagten nach vorangegangener Herstellung zweier Einzelsäulen im sogenannten Zement-Zement-Verfahren. Demnach stelle sich die mit der ersten Ergänzung zur Z.i.E. vom 19. August 1999 angeordnete Änderung des Herstellverfahrens (sogenanntes Zement-Zement-Verfahren) und der Herstellparameter als eine der Sphäre des Auftraggebers zuzuordnende Änderungsmaßnahme dar. Demnach müsse die Beklagte denjenigen Mehrverbrauch an Zement und den infolgedessen entstandenen zusätzlichen Aufwand für die Entsorgung vermehrten Rückflusses vergüten, der durch die erste Ergänzung der Z.i.E. am 19. August 1999 im Verhältnis zu dem zu erwartenden Verbrauch der Z.i.E. vom 5. März 1999 entstanden sei. Darauf, ob die Änderungen ursächlich auf bestimmte Bodenverhältnisse zurückzuführen seien, komme es daher nicht an. Es verbleibe ein Mehrverbrauch, der zu vergüten sei.

33 c) Die geltend gemachten Ansprüche seien auch nicht verjährt. Die streitgegenständlichen Forderungen seien in den Abschlagsrechnungen vom 11. Januar 2000, 7. Februar 2000 und in der 59. Abschlagsrechnung vom 4. September 2003 enthalten gewesen. Im Zeitpunkt der Fälligkeit sämtlicher Abschlagsrechnungen sei die Verjährung durch ein Stillhalteabkommen gehemmt worden. Zu einer weiteren Hemmung sei es durch Verhandlungen über die Forderungshöhe gekommen, sodass insgesamt von einer Hemmung jedenfalls bis Ende Oktober 2004 auszugehen sei. Danach sei die noch offene Verjährungsfrist von 23 Monaten Ende September 2004 (richtig 2006) abgelaufen. Die vorliegende Klage sei bereits am 21. Juli 2006 bei Gericht eingegangen.

II.

34 Die Revision der Beklagten ist uneingeschränkt zulässig.

III.

40 Die Revision der Beklagten und die Anschlussrevision der Klägerin führen zur Aufhebung des Urteils und zur Zurückverweisung der Sache an das Berufungsgericht.

A. Die Revision der Beklagten

57 2. Das Berufungsurteil ist aufzuheben und die Sache an das Berufungsgericht zurückzuverweisen, damit die notwendigen Feststellungen für die abschließende Entscheidung, ob die Klägerin noch eine Abschlagsforderung erheben kann, getroffen werden können. Der Senat ist nicht in der Lage, selbst zu entscheiden. Die Klage ist auch nicht aus anderen Gründen abzuweisen.

58 a) Die Klage ist nicht schon deshalb abzuweisen, weil die Klägerin einzelne Positionen einer Abschlagsrechnung verfolgt.

59 aa) Der Senat teilt allerdings nicht die Auffassung des Berufungsgerichts, eine Abschlagsforderung könne für einzelne Positionen eines Vertrages unabhängig davon erhoben werden, welche Leistungen sonst erbracht sind und abgerechnet werden können. Nach der für den Vertrag der Parteien maßgeblichen Fassung des § 16 Nr. 1 VOB/B sind Abschlagszahlungen auf Antrag in Höhe des Wertes der jeweils nachgewiesenen vertragsgemäßen Leistungen einschließlich des ausgewiesenen, darauf entfallenden Umsatzsteueranteils in möglichst kurzen Zeitabständen zu gewähren. Daraus folgt ein Anspruch auf Abschlagszahlung für eine in einem bestimmten Zeitraum erbrachte Leistung. Die in diesem Zeit-

raum erbrachten und nachgewiesenen Leistungen sind in eine prüfbare Aufstellung einzustellen, § 16 Nr. 1 Satz 2 VOB/B. Es steht dem Auftragnehmer zwar frei, nur für bestimmte Leistungen eine Abschlagszahlung zu verlangen. Aus dem Erfordernis der zeitraumbezogenen Abrechnung ergibt sich jedoch die Notwendigkeit, Abrechnungen für vergangene Zeiträume einzubeziehen und darzulegen, inwieweit ein Zahlungsanspruch besteht. Dieser ergibt sich aus dem Vergütungsanspruch für die insgesamt abgerechnete Leistung abzüglich bereits erbrachter Zahlungen. Insoweit gilt nichts anderes als bei der Abrechnung in der Schlussrechnung (vgl. dazu BGH, Urteil vom 9. Januar 1997 – VII ZR 69/96, BauR 1997, 468 = ZfBR 1997, 186). Der Hinweis des Berufungsgerichts auf § 16 Nr. 2 VOB/B, wonach Gegenforderungen einbehalten werden können, verfängt nicht. Denn die Überzahlung begründet keine Gegenforderung. Sie ist bei der laufenden Abrechnung eines Bauvorhabens bereits vom Auftragnehmer zu berücksichtigen.

60 bb) Gleichwohl ist die Sache nicht zur Entscheidung reif. Das Berufungsgericht meint zwar, ein Guthaben nicht feststellen zu können, weil sich die Klägerin nicht festgelegt habe, aus welcher Abschlagsrechnung sie vorgehe. Dagegen bestehen schon deswegen Bedenken, weil die Klägerin aus der letzten Abschlagsrechnung hätte vorgehen müssen. Dies ist die 92. Abschlagsrechnung. Es bestehen Anhaltspunkte dafür, dass ein positiver Saldo in Höhe der Klageforderung besteht, weil die vorhergehenden Abschlagsrechnungen, in die Nachtragsforderungen eingestellt worden waren, von der Beklagten mit einem positiven Saldo geprüft worden waren. Soweit das Berufungsgericht einen positiven Saldo nicht feststellen konnte, weil die Klägerin zu den weiteren Rechnungspositionen ihre Berechtigung nicht nachgewiesen habe, ist nicht festgestellt, dass diese Rechnungspositionen überhaupt bestritten waren.

61 b) Allerdings begegnet die Berechnung der Klageforderung erheblichen Bedenken. Die Klägerin verlangt aus einem Tatbestand, den sie als Anordnung im Sinne des § 1 Nr. 3 VOB/B ansieht, eine Vergütung nach § 2 Nr. 5 VOB/B. Nach § 2 Nr. 5 VOB/B ist für den Fall, dass durch Änderung des Bauentwurfs oder andere Anordnungen die Grundlagen des Preises für eine im Vertrag vorgesehene Leistung geändert werden, ein neuer Preis unter Berücksichtigung der Mehr- oder Minderkosten zu vereinbaren. Kommt eine solche Vereinbarung nicht zustande, kann der Auftragnehmer den sich aus § 2 Nr. 5 VOB/B ergebenden Vergütungsanspruch im Wege der Klage geltend machen (BGH, Urteil vom

18. Dezember 2008 – VII ZR 201/06, BGHZ 179, 213, Tz. 8; Urteil vom 21. März 1968 – VII ZR 84/67, BGHZ 50, 25, 30). Mit dieser Klage hat er diesen Preis schlüssig darzulegen. Dazu gehört die Darlegung der Mehr- oder Minderkosten, die sich aus der Änderung des Bauentwurfs oder den anderen Anordnungen ergeben (BGH, Urteil vom 11. März 1999 – VII ZR 179/98, BauR 1999, 897, 899 = ZfBR 1999, 256). Eine Klage, mit der lediglich erhöhte Kosten einzelner Elemente der Preisgrundlagen geltend gemacht werden, ist grundsätzlich unschlüssig, weil sie nicht die geforderte Mehr- und Minderkostenberechnung enthält und auch nicht darauf gestützt ist, dass der neue Preis höher ist als der alte Preis, sodass der Auftraggeber verpflichtet ist, die Differenz zu vergüten.

62 Die Klägerin hat aus der von ihr geltend gemachten Änderung des Bauentwurfs lediglich Mehrkosten für den Mehrverbrauch an Zement und den erhöhten Suspensionsrückfluss geltend gemacht und weitere Ansprüche aus der Änderung des Bauentwurfs mit einer Summe von mehr als 50 Mio. € angekündigt. Sie hat die erforderliche Gesamtabrechnung zur Ermittlung eines neuen Preises nicht vorgenommen, sondern die Klage lediglich auf Mehrkosten bei einzelnen Kalkulationsgrundlagen gestützt. Damit ist die Klage nicht schlüssig.

63 Auch insoweit verbietet sich hingegen eine Klageabweisung. Denn auf die Unschlüssigkeit der Klage aus diesem Gesichtspunkt ist die Klägerin erstmals durch den Senat hingewiesen worden. Sie muss Gelegenheit erhalten, auf diesen Hinweis zu reagieren, sodass die Sache an das Berufungsgericht zurückzuverweisen ist.

64 Soweit eine Gesamtabrechnung vorliegt, ist die Klägerin allerdings nicht gehindert, den geforderten Betrag als Teilbetrag der nachgewiesenen Forderung geltend zu machen.

65 c) Die Klage ist nicht wegen Verjährung der Forderung auf Abschlagszahlung abzuweisen. Die Rügen der Revision, durch wiederholtes Einstellen einer Forderung in die Abschlagsrechnung dürfe die Verjährung nicht verhindert werden, gehen schon deshalb ins Leere, weil das Berufungsgericht auf die Abschlagsrechnung abstellt, mit der die Forderung erstmalig erhoben worden ist. Revisionsrechtlich nicht zu beanstanden ist die Würdigung, die Parteien hätten ein Stillhalteabkommen getroffen, das die Verjährung gehemmt habe. Fehl geht die Erwägung, eine Hemmung sei deshalb ausgeschlossen, weil das selbstständige Beweisverfahren bereits anhängig gewesen sei, als die Abschlagsrechnung gestellt worden sei. Dieser Umstand schließt das vom Berufungsgericht

angenommene Stillhalteabkommen nicht aus. Unverständlich ist die Rüge der Revision, die Berechnung der Hemmung sei nicht nachvollziehbar. Diese ergibt sich aus dem Gesetz, § 204 Abs. 2 Satz 1 BGB. Neben der Sache liegt auch die Rüge, das durch den Unternehmer eingeleitete selbstständige Beweisverfahren hemme nicht die Verjährung seines Vergütungsanspruchs. Das hat das Berufungsgericht nicht angenommen.

66 d) Ohne Erfolg ist auch die Rüge der Revision, das Berufungsgericht habe die Klage schon aus prozessualen Gründen nicht dem Grunde nach für gerechtfertigt erklären dürfen, soweit die Klägerin Mehrvergütungsansprüche wegen entstandener Mehrkosten für Zementverbrauch und Suspensionsrückfluss geltend mache, die darauf beruhen, dass die durchschnittliche Säulenhöhe der HDI-Sohle sich auf mehr als 1,55 m erhöht habe, weil der Anschluss des Randbereichs der Sohle an die Schlitzwände mittels Ausbildung einer Krümmung statt ursprünglich vorgesehener kurzer Abtreppung ausgeführt worden sei.

67 aa) Insoweit ist zunächst klarzustellen, dass das Berufungsgericht der Klage in dem tenorierten Umfang dem Grunde nach stattgegeben und sie im Übrigen abgewiesen hat. Das folgt aus dem Beschluss des Berufungsgerichts, mit dem das Urteil berichtigt worden ist. Die Rügen der Revision, die sich gegen dieses Verfahren richten, sind offensichtlich unbegründet. Dass das Berufungsgericht die Klage teilweise abgewiesen hat, ergibt sich deutlich aus den Urteilsgründen. Etwaige Unklarheiten in der Begründung der Klageabweisung ändern nichts an der Berechtigung des Berufungsgerichts, das Urteil gemäß § 319 ZPO zu berichtigen.

68 bb) Der Tenor des landgerichtlichen Urteils lautet, dass die Klage abgewiesen wird. Aus den Urteilsgründen ergibt sich indes, dass die Klageabweisung nur die Ansprüche auf Ersatz von Mehrkosten erfassen sollte, die auf der tatsächlich vorhandenen Beschaffenheit des Bodens im Bereich der unteren Sande beruhten. Am Ende der Entscheidung verweist das Landgericht darauf, dass durch die Entscheidung nicht betroffen seien die Mehrkosten durch die Erstellung der Säulen in einer Stärke von über 1,5 m sowie die Mehrkosten durch den gewölbten Anschluss der Sohle an die Schlitzwände. Über den letzteren Teil, der von der Klägerin auf 1.928.196,80 € beziffert wurde, hat das Landgericht daher ersichtlich bewusst nicht entschieden. Er ist von der Klageabweisung nicht erfasst.

Maßgebliche Rechtsprechung zur VOB/C

69 (1) Zutreffend hat das Berufungsgericht angenommen, dass die Mehrkosten wegen der Sohlkrümmung entgegen der Auffassung des Landgerichts bereits Gegenstand der Klage waren. Das ergibt sich deutlich aus der Klagebegründung.

70 (2) Zu Recht weist die Revision darauf hin, dass die Klägerin die Entscheidung des Landgerichts hingenommen hat, indem sie in der Berufungsschrift die Auffassung geäußert hat, das Landgericht habe zu Recht festgestellt, dass Mehrvergütungsansprüche nicht von der Klage erfasst seien, die auf der gewölbten Sohle beruhten. In einem solchen Fall kann nicht davon ausgegangen werden, dass die Klage noch beim Landgericht anhängig ist, weil die davon abweichende Entscheidung des Landgerichts vom Kläger akzeptiert wird. Soweit das landgerichtliche Urteil ausdrücklich über einen Teil der Klage nicht entschieden hat, weil es der Auffassung gewesen ist, dass er nicht anhängig geworden sei, enthält es einen feststellenden Teil, der maßgeblich ist, wenn er nicht angefochten wird. Demgemäß ist anerkannt, dass die bewusste Entscheidung eines Gerichts, über einen nach seiner Auffassung nicht oder nicht mehr anhängigen Anspruch nicht zu entscheiden, nur mit einem Rechtsmittel angefochten werden kann und ein Antrag auf Ergänzung des Urteils nicht zulässig ist (vgl. Zöller/Vollkommer, ZPO, 27. Aufl., § 321 Rn. 2, 4; vgl. BGH, Urteil vom 16. Februar 2005 – VIII ZR 133/04, NJW-RR 2005, 790; Urteil vom 16. Dezember 2005 – V ZR 230/04, NJW 2006, 1351). Bedenken unterliegt deshalb die Auffassung des Berufungsgerichts, es sei berechtigt gewesen, die Sache an sich zu ziehen, weil diese noch beim Landgericht anhängig gewesen sei.

71 (3) Gleichwohl hat die Revision insoweit keinen Erfolg. Die Klägerin war als Berufungsführerin nicht gehindert, den Anspruch erneut in der Berufungsinstanz zu erheben (vgl. Zöller/Vollkommer, ZPO, 27. Aufl., § 321 Rn. 2). Sie hat dies in der mündlichen Verhandlung vor dem Berufungsgericht erklärt. Es handelt sich um eine Klageerweiterung, die entgegen der nicht nachvollziehbaren Auffassung der Revision in der Berufung möglich ist. Das Berufungsgericht hat die Klageerweiterung mit seiner Hilfserwägung für sachdienlich und deshalb für zulässig gehalten. Die dagegen erhobenen Rügen gehen ins Leere, weil diese Verfahrensweise nicht der revisionsgerichtlichen Nachprüfung unterliegt (vgl. BGH, Urteil vom 9. März 2005 – VIII ZR 266/03, NJW 2005, 1583; Urteil vom 22. Januar 2004 – V ZR 187/03, NJW 2004, 1458; Zöller/Heßler, ZPO, 27. Aufl., § 529 Rn. 15). Soweit die Revision auch geltend macht, es liege keine Klageänderung, sondern nur ein Nachschieben von Gründen vor,

Maßgebliche Rechtsprechung zur VOB/C

was unzulässig sei, kann ihr ebenfalls nicht gefolgt werden. Insoweit will sie möglicherweise geltend machen, dass der neue Vortrag gemäß §§ 533, 529, 531 Abs. 2 ZPO nicht mehr hätte berücksichtigt werden dürfen. Die unterlassene Zurückweisung neuen Vorbringens ist jedoch in der Revision ebenfalls nicht angreifbar (BGH, Urteil vom 9. März 2005 – VIII ZR 266/03, NJW 2005, 1583, 1585; Urteil vom 22. Januar 2004 – V ZR 187/03, NJW 2004, 1458, 1459).

72 (4) Ersichtlich fehl geht die Rüge, das Landgericht habe rechtskräftig über den Anspruch entschieden. Das Landgericht hat lediglich entschieden, dass die Klage insoweit nicht erhoben worden war.

73 e) Soweit die Revision Rügen gegen die Auslegung des Vertrages erhebt, vermögen sie eine klageabweisende Entscheidung des Senats nicht zu begründen. Diese Rügen wird das Berufungsgericht vielmehr bei der gegebenenfalls erneut vorzunehmenden Auslegung des Vertrages zu berücksichtigen haben (vgl. dazu III. B).

B. Weitere Revisionsangriffe der Beklagten und Anschlussrevision der Klägerin

74 Zu Recht rügen die Revision und die Anschlussrevision, das Berufungsgericht habe die Vertragserklärungen fehlerhaft ausgelegt. Das Revisionsgericht ist zwar grundsätzlich an die Auslegung von Willenserklärungen durch den Tatrichter gebunden. Eine Bindung besteht jedoch nicht, wenn der Tatrichter gegen anerkannte Auslegungsgrundsätze verstoßen hat (BGH, Urteil vom 14. Oktober 1994 – V ZR 196/93, NJW 1995, 45, 46; Urteil vom 23. Januar 2009 – V ZR 197/07, NJW 2009, 1810; Urteil vom 16. Dezember 2004 – VII ZR 257/03, BauR 2005, 542 = NZBau 2005, 216 = ZfBR 2005, 263). So liegt es hier.

75 1. Rechtsfehlerfrei legt das Berufungsgericht allerdings das Angebot der Klägerin dahin aus, dass diese mit der letzten Angebotsfassung vom 18. Juni 1998 nach dem von ihr konzipierten Leistungsverzeichnis eine (lediglich) erfolgsorientiert beschriebene Leistung, nämlich die Erstellung einer 1,5 m starken rückverankerten HDI-Sohle zu einem Quadratmeterpreis von 1.302,74 DM angeboten habe. Die dagegen erhobenen Rügen der Anschlussrevision sind unbegründet. Das Berufungsgericht hat die Vertragsunterlagen insoweit erschöpfend ausgewertet und auch die Gutachten in ausreichender Weise berücksichtigt. Danach waren die im Angebot bezeichneten sogenannten Herstellparameter nicht Vertragsinhalt, sondern lediglich Beschreibungen der von der Klägerin vorgesehenen Ausführungsart. Das Berufungsgericht weist zutreffend

darauf hin, dass die Klägerin selbst eingeräumt habe, dass das aus etwaigen Änderungen folgende Mengenrisiko (bei unverändertem Baugrund) grundsätzlich zu ihren Lasten gegangen wäre. Überzeugend ist auch der Hinweis auf den zum Verständnis des Vertragsangebots durchaus verwertbaren Hinweis in der ersten Fassung des Angebots vom 12. Mai 1998, in dem die Klägerin erklärte:
„Im Übrigen wird die Ausführung (Herstellparameter) der SOIL-JET-GEWI-s und der HDI-Sohle an die aus den im Probefeld und der Eignungsprüfung gewonnenen Erkenntnisse angepasst. Die … einvernehmlich getroffenen Entscheidungen und Systemanpassungen sind als verbindlich anzusehen; der AN übernimmt die Kosten für gegebenenfalls daraus resultierenden Mehraufwand zu seinen Lasten …".

76 2. Zu beanstanden ist allerdings die Folgerung des Berufungsgerichts, damit habe die Klägerin auch solche Änderungen der Herstellparameter verantworten wollen, die auf einer grundlegenden Änderung der Bodenverhältnisse beruhten. Diese Beurteilung verkennt, dass Grundlage eines funktionalen Angebots bestimmte Bodenverhältnisse sein können, deren Vorhandensein zum Vertragsinhalt erhoben werden kann. Das hat die Klägerin geltend gemacht, indem sie ihre Klage vor allem darauf gestützt hat, dass die Änderungen der Herstellparameter darauf zurückzuführen seien, dass die Bodenverhältnisse sich grundlegend anders als im Vertrag beschrieben dargestellt hätten. Die Leistungsbeschreibung und die ihr zugrunde liegenden Bodenuntersuchungen hätten den Boden als sehr dicht gelagert dargestellt. Es hätten sich jedoch eine extrem schwankende Lagerungsdichte und extrem hohe Dichten der unteren Sande herausgestellt.

77 a) Allerdings können Mehrkosten wegen von den Vorstellungen des Auftragnehmers abweichender Bodenverhältnisse nicht mit der allgemeinen Erwägung geltend gemacht werden, den Bauherrn treffe das Baugrundrisiko (Kuffer, NZBau 2006, 1 ff.). Auszugehen ist vielmehr von den konkreten Umständen des Einzelfalles und den getroffenen Vereinbarungen.

78 Liegen einer Ausschreibung Baugrundgutachten bei, so ist es möglich, dass die darin dargestellten Bodenverhältnisse zur vertraglich geschuldeten Leistungsverpflichtung erhoben werden. Ob und inwieweit dies gegeben ist, ist im Einzelfall unter Berücksichtigung aller maßgeblichen Umstände durch eine am objektiven Empfängerhorizont orientierte Auslegung der Vereinbarung zur Bauleistung zu beurteilen. Ein gewich-

Maßgebliche Rechtsprechung zur VOB/C

tiger Gesichtspunkt ist dabei, inwieweit die Bodenverhältnisse für die Leistung des Auftragnehmers und damit auch für die Kalkulation seines Preises erheblich sind. Ist dies der Fall, wird regelmäßig davon auszugehen sein, dass die beschriebenen Bodenverhältnisse zum Leistungsinhalt erhoben werden sollen.

79 Dabei kann auch von Bedeutung sein, ob das Baugrundgutachten im Hinblick auf die ursprünglich ausgeschriebene Leistung und den dann geschlossenen Vertrag oder im Hinblick auf Vertragsänderungen oder Nachträge erstellt worden ist.

80 Stellen sich die zur Leistungspflicht erhobenen Bodenverhältnisse anders dar, so ist die Anordnung des Auftraggebers, die Leistung trotz der veränderten Umstände zu erbringen, eine Änderung des Bauentwurfs im Sinne des § 1 Nr. 3 VOB/B mit der Folge, dass ein neuer Preis nach Maßgabe des § 2 Nr. 5 VOB/B zu bilden ist.

81 b) Sind von den Parteien im vorliegenden Fall bestimmte Bodenverhältnisse zum Inhalt des Vertrages gemacht worden, so hätte das Berufungsgericht nicht davon ausgehen dürfen, dass die von der Klägerin abgegebenen Erklärungen zur Übernahme von Mehrkosten auch für den Fall gelten, dass andere Bodenverhältnisse angetroffen werden. Denn die Bodenverhältnisse waren erkennbar ein entscheidender Umstand für die Wahl des Herstellverfahrens und die Festlegung der Herstellparameter. Waren bestimmte, für das Herstellverfahren relevante Bodenverhältnisse Inhalt des Vertrages, so liegt es fern, dass die Klägerin mit ihren Erklärungen das Risiko abweichender Bodenverhältnisse hat mit übernehmen wollen. Ein Unternehmer ist zwar nicht gehindert, mit dem Bauvertrag ihm unbekannte Risiken zu übernehmen (vgl. BGH, Urteil vom 13. März 2008 – VII ZR 194/06, BGHZ 176, 23, 29; Kuffer, NZBau 2006, 1, 6). Jedoch sind an eine Risikoübernahme, die unbekannte Bodenverhältnisse betrifft, jedenfalls dann strenge Anforderungen zu stellen, wenn sie die Baukosten erheblich beeinflussen können (vgl. BGH, Urteil vom 13. März 2008 – VII ZR 194/06, a.a.O.). Wurden Angaben in Bodengutachten zum Inhalt des Vertrages erhoben, liegt es nahe, dass die sonstigen Erklärungen der Klägerin auf diesen Bodengutachten aufbauen. Es liegt dann auch ein Verständnis der von der Klägerin abgegebenen Erklärungen nahe, dass lediglich diejenigen Veränderungen der Herstellparameter gemeint sind, die sich aus der Erprobung bei unveränderten Bodenverhältnissen ergeben.

Maßgebliche Rechtsprechung zur VOB/C

82 3. Von Rechtsirrtümern beeinflusst ist auch die Auffassung des Berufungsgerichts, die Beklagte habe das Angebot der Klägerin nicht in unveränderter Form, sondern unter weitgehender Abänderung seines Inhalts angenommen; die Beklagte habe ein bestimmtes Herstellverfahren mit konkreten Herstellparametern – so wie es in der Z.i.E. vom 5. März 1999 nebst den darin in Bezug genommenen Antragsunterlagen in ihrer letzten Fassung vom 21. Dezember 1998 beschrieben ist – zum Vertragsinhalt machen wollen.

83 Diese Auffassung beruht auf einer nicht interessengerechten Auslegung der Erklärung der Beklagten zur Annahme des Vertrages. Diese erfolgte am 29. Juni 1998 mündlich und am 19. August 1998 schriftlich dahin, dass der Auftrag für das Angebot vom 18. Juni 1998 als Nachtrag zum Hauptauftrag vom 11. März 1998 „unter dem Vorbehalt der Genehmigung der Z.i.E. für das Pfahlsystem Soil-Jet-Gewi einschließlich der Verbundkonstruktion am Pfahlkopf" erteilt werde. Zu Unrecht will das Berufungsgericht aus dem Vorbehalt eine Modifikation des Angebots herleiten. Dabei verkennt es entgegen der Auffassung der Revision nicht, dass die Z.i.E. als Verwaltungsakt (vgl. dazu Englert/ Schneeweiß, BauR 2007, 290, 294) nicht unmittelbar den Vertrag ändern kann. Es berücksichtigt jedoch nicht, dass die Beklagte keinerlei Interesse daran haben konnte, den funktional beschriebenen Vertrag dahin zu ändern, dass nun eine bestimmte Herstellart zum Vertragsinhalt mit der Folge erhoben wird, dass weitere Änderungen zu Mehrvergütungsansprüchen führen.

84 Mit der funktional beschriebenen Leistung lag die Wahl der Herstellparameter allein bei der Klägerin. Sie trug – abgesehen von den Risiken aus einer Veränderung des möglicherweise zum Vertragsinhalt erhobenen Baugrundes – alle Risiken dieser Wahl, auch das Risiko von Mehrkosten infolge einer Veränderung ihrer die Herstellungsart betreffenden Entscheidung. Die Beklagte hatte vernünftigerweise kein Interesse daran, ihr dieses Risiko abzunehmen. Dabei muss auch berücksichtigt werden, dass die Klägerin das Verfahren angeboten und den technischen Sachverstand dafür in Anspruch genommen hat (vgl. dazu Englert/Schneeweiß, a.a.O., S. 298). Sie hat zudem erklärt, dass sie den Mehraufwand für Systemanpassungen übernehmen wolle. Es besteht kein Anhaltspunkt für die Annahme, die Beklagte habe sich auf die einmal erteilte Z.i.E. festlegen und das Risiko erforderlich werdender Systemanpassungen, die auch eine Änderung der Z.i.E. zur Folge haben, übernehmen wollen. Etwas anderes gilt, wie bereits dargelegt, für

Maßgebliche Rechtsprechung zur VOB/C

solche Änderungen, die sich aus der Änderung vertraglich vereinbarter Bodenverhältnisse ergeben.

85 Aus diesem Grund kann die Erklärung des Vorbehalts nicht dahin ausgelegt werden, dass dieser den Vertragsinhalt in der vom Berufungsgericht angenommenen Weise beeinflusst. Vernünftigerweise ist der Vorbehalt lediglich dahin zu verstehen, dass die Beklagte die Klägerin verpflichten wollte, nach den öffentlich-rechtlichen Vorgaben, wie sie sich aus der Z.i.E. ergaben, zu arbeiten. Das ist an sich eine Selbstverständlichkeit, wurde aber durch den Vorbehalt nochmals deutlich zum Ausdruck gebracht. Aus diesem Grunde bestehen auch Bedenken gegen die Annahme des Berufungsgerichts, der Vertrag sei erst durch die Z.i.E. zustande gekommen.

86 Die vom Berufungsgericht vorgenommene Auslegung findet auch nicht in dem Umstand eine Stütze, dass die für das Bauvorhaben zuständige Behörde in das Zulassungsverfahren eingebunden war und auf die Auflagen konkret Einfluss genommen hat. Diese Behörde war am Zulassungsverfahren, das den sie betreffenden Einzelfall anging, beteiligt. Sie hat die Probeuntersuchungen begleitet und ihre Vorstellungen in das Verfahren eingebracht. Diese Beteiligung am öffentlich-rechtlichen Genehmigungsverfahren hat keine Auswirkungen auf die vertraglichen Vereinbarungen.

87 4. Aus allem folgt, dass der Vertrag mit der Annahmeerklärung der Beklagten in der Weise zustande gekommen ist, dass die Klägerin die Auflagen der Z.i.E. zu beachten hatte. Dabei bestand keine Bindung an eine konkrete Z.i.E. Die Klägerin hatte demnach auch die Z.i.E. zu beachten, wie sie durch die erste Ergänzung zur Z.i.E. vom 19. August 1999 Ausdruck gefunden hat.

88 5. Der Senat kann nicht ausschließen, dass das fehlerhafte Verständnis von Zustandekommen und Inhalt des Vertrages auch die Entscheidung des Berufungsgerichts zur Vergütungspflicht der Beklagten beeinflusst hat, soweit es um die Veränderung der Sohle von einer abgetreppten Ausführung in eine gekrümmte Ausführung geht. Das Berufungsgericht geht ohne Weiteres davon aus, dass Gegenstand der vertraglichen Vereinbarung eine abgetreppte Ausführung war und die Anordnung einer gekrümmten Ausführung dem Verantwortungsbereich des Auftraggebers zuzuordnen ist. Diese Ausführungen finden in den Feststellungen keine ausreichende Stütze. Es erscheint möglich, dass die Darstellung einer abgetreppten Ausführung ebenso wie die Darstellung

der sonstigen Ausführungsparameter lediglich der Darstellung der beabsichtigten Ausführung diente, ohne die Funktionalität des Angebots zu berühren. Es erscheint weiter möglich, dass die Änderungen der Ausführung auf die sich aus den Probeuntersuchungen ergebenden Anforderungen zurückzuführen waren. Nach den Feststellungen des Berufungsgerichts beruhte die Änderung auf statischen Erfordernissen. Das Berufungsgericht hat sich lediglich damit beschäftigt, wie die Beauftragung, eine „rückverankerte HDI-Sohle; D = 1,5 m, OK HDI ca. 4 m unter Aushubsohle, Rückverankerung mit Jet-GEWI-Pfählen nach statischen Erfordernissen; einschl. Restwasserhaltung" auszuführen, im Hinblick auf die Verwendung des Begriffes „nach statischen Erfordernissen" auszulegen ist. Die Rügen der Revision vermögen die zwar nicht überzeugende, jedoch revisionsrechtlich nicht angreifbare Auslegung des Berufungsgerichts nicht zu erschüttern, der Passus „nach statischen Erfordernissen" ersetze lediglich die von der Klägerin ursprünglich vorgesehenen Raster- und Längenmaße der GEWI-Pfähle. Zutreffend rügt die Revision jedoch, dass das Berufungsgericht den funktionalen Charakter des Angebots und die damit verbundene Möglichkeit nicht ausreichend gewürdigt hat, dass die Klägerin sich unter Berücksichtigung ihrer sonstigen Erklärungen verpflichtet haben kann, Veränderungen, die sich aus statischen Anforderungen ergeben, ohne Mehrvergütung zu übernehmen. In diesem Zusammenhang kann auch eine Rolle spielen, worauf die Anordnung der Krümmung zurückzuführen ist. Beruht die Anordnung der Krümmung auf veränderten Bodenverhältnissen, wird es erneut darauf ankommen, inwieweit diese Vertragsinhalt geworden sind oder die Klägerin das Risiko einer Veränderung übernommen hat.

IV.

89 Das Berufungsurteil war nach allem insgesamt aufzuheben und die Sache an das Berufungsgericht zurückzuverweisen.

90 1. Soweit die Klägerin ihre Forderung weiter als Abschlagszahlung verfolgt, wird das Berufungsgericht die notwendigen Feststellungen dazu zu treffen haben, dass eine Abschlagsforderung noch durchgesetzt werden und ausnahmsweise auf Ersatz der einzelnen Positionen gerichtet sein kann. Das Berufungsgericht wird der Klägerin dann auch Gelegenheit geben müssen, die Forderung in richtiger Weise zu berechnen.

91 2. Sollte die Klägerin ihre Forderung im Berufungsverfahren auf eine Schlussrechnung stützen wollen, wird darauf hingewiesen, dass dies

prozessual möglich ist. § 533 ZPO findet auf Änderungen des Klageantrags nach § 264 Nr. 1 und 3 ZPO, die auch in der Berufungsinstanz gelten, keine Anwendung. Da durch die Erstellung der Schlussrechnung erst die materielle Voraussetzung für ihre Fälligkeit geschaffen wird (BGH, Urteil vom 9. Oktober 2003 – VII ZR 335/02, BauR 2004, 115 = NZBau 2004, 98 = ZfBR 2004, 58), handelt es sich auch im Berufungsverfahren nicht um ein neues Angriffsmittel, sodass ein dazu gehörender Vortrag nicht gemäß § 531 Abs. 2 Nr. 3 ZPO im Berufungsrechtszug zurückgewiesen werden könnte (BGH, Urteil vom 6. Oktober 2005 – VII ZR 229/03, BauR 2005, 1959 = NZBau 2005, 692 = ZfBR 2006, 34).

92   3. Soweit es um die Berechtigung der Nachtragsforderung an sich geht, wird das Berufungsgericht der Frage nachgehen müssen, inwieweit bestimmte, für das Herstellungsverfahren maßgebliche Bodenverhältnisse Vertragsinhalt geworden sind. Gegebenenfalls wird es prüfen müssen, inwieweit die tatsächlichen Bodenverhältnisse von den vertraglich vereinbarten Bodenverhältnissen abweichen. Gegebenenfalls wird weiter zu prüfen sein, inwieweit die Beklagte die Ausführung der Leistung bei geänderten Bodenverhältnissen angeordnet hat. Eine solche Anordnung kann in Kenntnis der abweichenden Bodenverhältnisse auch stillschweigend erfolgen. Im Falle einer Anordnung kann sich ein erhöhter Vergütungsanspruch aus § 2 Nr. 5 VOB/B ergeben, der allerdings nach den dargestellten Grundsätzen zu berechnen ist. Mangelt es an einer Anordnung, kommt ein Anspruch aus § 2 Nr. 8 VOB/B in Betracht.

93   4. Soweit die Klägerin einwendet, die Z.i.E. habe auf Veranlassung der Beklagten Auflagen zur HDI-Sohle enthalten, die nicht notwendig gewesen seien, vermag das den geltend gemachten Vergütungsanspruch nicht zu begründen. Denn die Klägerin war nach dem Vertrag gehalten, die Anordnungen in der Z.i.E. zu erfüllen. Ob eine eventuelle vertragswidrige Einflussnahme der Beklagten auf die Z.i.E. einen Schadensersatzanspruch der Klägerin begründet, dem gegebenenfalls der Einwand des Mitverschuldens entgegengehalten werden könnte, kann dahinstehen. Denn ein solcher Anspruch ist nicht geltend gemacht.

94   5. Soweit es um die Krümmung der Sohle geht, wird das Berufungsgericht erneut prüfen müssen, inwieweit diese aufgrund der funktionalen Ausschreibung ohne Mehrkosten geschuldet war.